当代城市景观与环境设计丛书·27
纪念性艺术综合体

王治君 著

中国建筑工业出版社

图书在版编目（CIP）数据

纪念性艺术综合体/王治君著.—北京：中国建筑工业出版社，2009
(当代城市景观与环境设计丛书·27)
ISBN 978-7-112-10785-8

Ⅰ.纪… Ⅱ.王… Ⅲ.纪念建筑-建筑设计-案例-世界 Ⅳ.TU251

中国版本图书馆CIP数据核字（2009）第029644号

责任编辑：唐　旭　陈小力
责任设计：崔兰萍
责任校对：兰曼利　王雪竹

当代城市景观与环境设计丛书·27
纪念性艺术综合体
王治君　著
*
中国建筑工业出版社出版、发行(北京西郊百万庄)
各地新华书店、建筑书店经销
北京圣彩虹制版印刷技术有限公司制版
北京中科印刷有限公司印刷
*
开本：889×1194毫米　1/20　印张：6$\frac{1}{5}$　字数：188千字
2009年6月第一版　2009年6月第一次印刷
印数：1—3000册　定价：**49.00**元
ISBN 978-7-112-10785-8
　　　(18027)
版权所有　翻印必究
如有印装质量问题，可寄本社退换
(邮政编码　100037)

序

缅怀英雄、追忆历史、庆祝胜利、表彰功绩、祭奠名人,这是全人类共同的情感和精神需求。在人类的历史长河中,正是各民族的这种情感和精神需求激励着人们满怀热情地创造出众多灿烂夺目的艺术精华。雄伟壮丽的巴黎凯旋门,清丽秀美的印度泰姬陵,庄严凝重的北京人民英雄纪念碑,稳重大方的华盛顿林肯纪念堂,纪念苦难、发人反思的柏林犹太人大屠杀纪念馆,表达正义战胜邪恶的莫斯科胜利广场……它们历经风雨,沉默无言,向后来者诉说着一代人的光荣、苦难、胜利和功勋,它们是人类文明的结晶。而这种人类情感和精神需求的物化形式是什么呢?有人把其归之于建筑艺术,有人把其归之于雕塑艺术,有人把其归之于景观艺术。对它还有"纪念性建筑"、"艺术综合体"、"纪念性综合体"等不同称谓。王治君教授认为,这类作品都有纪念性主题,它们既包含着建筑艺术、雕塑艺术、景观艺术,又有烘托这些艺术品的声、光、电等高新技术手段和纪念仪式的配合,它们共同组成了纪念性艺术综合体。

纪念性艺术综合体概念的提出,是对此前"纪念性综合体"和"艺术综合体"概念的修正与完善,是"纪念性建筑"范围的扩展外延,其主张把纪念性艺术综合体作为一个系统来研究,它是一个全新的理论概念。

王治君教授所著《纪念性艺术综合体》一书,以整体的眼光、综合的研究,全面系统地介绍了纪念性艺术综合体的定义、特征、分类,以及创意层面、艺术层面、技术层面、精神层面的诸多问题。

王治君教授虽然是鲁迅美术学院雕塑系科班出身,曾创作过不少获奖的雕塑作品,但却在建筑设计院从事建筑设计和室内设计近10年。他还在中央美术学院建筑学院做过访问学者,研究环境艺术。现在他是华侨大学建筑学院城市景观系主任。同时,他还担任中国工艺美术学会雕塑专业委员会常委和中国建筑学会室内设计分会理事。正是这些丰富的专业经历和多方面的艺术实践,给了他宽阔的视野,使他能够以一种宏观的、综合的眼光,对这类蕴含着深厚人文精神的艺术作品进行独到的研究和深入的剖析。我相信有幸读到这本著作的读者都会从中得到启迪与教益。

邹瑚莹
清华大学建筑学院

前言

回眸历史，追忆英雄，前事不忘，后事之师。铭记人类因战争和大屠杀而死亡的难以计数的生命，其最好的选择无疑是建造可以承载纪念主题的空间场所以慰藉亡灵。纪念凝思和回顾铭记灾难的关键是要在记忆中行动，而并不在于对其解释与记忆的角度。不断逝去的岁月已让那场给人类带来巨大灾难的残酷战争和大屠杀在人们的记忆中渐渐淡忘，战后长期的和平环境让那场残酷的战争和大屠杀的场景在人们的视线中逐渐退去。为了让那些英勇无畏的为和平而献身的解放者和因屠杀而逝去的难以计数的无辜生命在人类记忆中永存永生，对那场战争和屠杀的忘却与否定的最有力回击便是为纪念性场所注入新的活力。

纪念性艺术综合体受国家体制、意识形态及宗教信仰等因素的影响，而这些因素必将决定并作用于纪念性艺术综合体的表现内容与表现角度。英雄创造了历史，历史也造就了英雄，若要更好地了解认识英雄们的历史作用，回眸追忆英雄们的历史丰功伟绩，最好的方式是物化的形式，而纪念的主题也只有通过物化的形式载体，才能令伟大崇高的精神融入其中，才能在纪念与凝思中永恒。

纪念性艺术综合体是一种以"纪念"为主题，运用雕塑、建筑、园林等多种艺术形式，利用既整体又富于变化的空间形态；从多层面、多角度进行立体感受纪念主题气氛的空间环境。纪念性艺术综合体多以纪念碑或纪念馆为主体，辅以雕塑、全景画、实物、文字，并配有背景音乐，除此之外，纪念性艺术综合体还必须有声、光、电等技术因素的支持，纪念性艺术综合体是一种跨学科多领域且极具震撼力的视觉艺术形式——一种全新的纪念场所。

自20世纪第二次世界大战结束后，从苏联1949年在德国柏林建造的苏军烈士纪念碑始至今，世界上为数不少的国家都出于各自不同的国家经历与意识形态，分别建造了为数众多的纪念性艺术综合体。

纪念性艺术综合体往往建造于社会稳定和经济发展的时期。无论是战争发起国还是战争受害国，无论是社会主义国家还是资本主义国家，无论是战胜国还是战败国，他们都以各自的角度去建造艺术综合体。尽管国家体制和意识形态不同、宗教理念和信仰不同，但深藏纪念性艺术综合体其后的艺术精神功能与爱国主义教育作用早已被认知，它代表了国家的利益。纪念性艺术综合体其视听载体的纪念、记述、审美、凝聚、互动、公共等多样性特征有着显而易见不可替代的国民爱国主义教育启示效用。

在令人担忧的日益"全球化与国家意识衰微"的今天，有关对国内外纪念性艺术综合体的研究介绍无疑有着重要的现实意义及深远的历史意义，它将有助于我国纪念性建筑创作水平的提高。

目前，在国内较为全面系统地介绍纪念性艺术综合体的专著还没有，国内以往相关理论研究多为某一国家作品的案例介绍或某一专项方面的研究，相关文字与图片介绍很少，这种现状使得我们很难全面完整地了解艺术综合体的全貌，这给纪念性建筑的深入研究带来困难。

本书较为系统地介绍了有代表性的不同国家建造的纪念性艺术综合体案例，图文信息量大，其中绝大多数图片为作者实地拍摄。本书可以作为纪念性建筑设计、纪念性雕塑创作及相关专业理论研究人员的参考书，也可作大专院校建筑学及美术相关专业的辅助教材。

目录

序 003

前　言 004

第一章　纪念性艺术综合体的定义、形态特征、表现手法及表现题材　008

第一节　纪念性艺术综合体的定义 ………………………………… 008

第二节　纪念性艺术综合体的形态特征 …………………………… 009

第三节　纪念性艺术综合体的装饰表现手法 ……………………… 014

第四节　纪念性艺术综合体的表现题材 …………………………… 021

第五节　纪念性艺术综合体的选址 ………………………………… 023

第六节　纪念性艺术综合体产生的时代背景 ……………………… 026

第二章　纪念性艺术综合体的类型　028

第一节　以雕塑为主体的纪念性艺术综合体 ……………………… 029

第二节　雕塑与纪念碑结合为主体的纪念性艺术综合体 …………………… *030*

第三节　以建筑为主体的纪念性艺术综合体 ………………………………… *033*

第三章　纪念性艺术综合体流线组织与空间形态　`034`

第一节　流线组织 …………………………………………………………… *034*

第二节　外部空间形态 ……………………………………………………… *037*

第三节　内部空间形态 ……………………………………………………… *038*

第四章　绿化和植物选配与纪念性艺术综合体　`040`

第一节　植物配置原则与纪念性艺术综合体 ……………………………… *040*

第二节　植物的配置方法与纪念性艺术综合体 …………………………… *042*

第三节　树种 ………………………………………………………………… *043*

第五章　纪念性艺术综合体的社会学因素　`044`

第一节　心理体验与精神教化的场所 ……………………………………… *044*

第二节　纪念性艺术综合体与国家和民族经历 …………………………… *046*

第三节　哲学基础、意识形态与纪念性艺术综合体 ················ 048

第六章　纪念性艺术综合体中的非物质要素　052

第一节　背景音乐与纪念性艺术综合体 ························ 052

第二节　卫兵换岗仪式与纪念性艺术综合体 ···················· 053

第三节　管理与收费 ·· 054

第七章　国内外纪念性艺术综合体著名案例比较分析　056

第一节　前苏联及俄罗斯的纪念性艺术综合体 ·················· 056

第二节　美国纪念性艺术综合体 ······························ 084

第三节　中国纪念性艺术综合体 ······························ 086

第四节　国内外纪念性艺术综合体的发展趋势 ·················· 120

结　语　121

主要参考文献　122

第一章
纪念性艺术综合体的定义、形态特征、表现手法及表现题材

纪念性艺术综合体不同以往的墓地、纪念碑和纪念馆,尽管它们都承载着以纪念作为空间诉诸的主题,但无论是在空间的形态特征方面,还是在空间的功能方面,纪念性艺术综合体与墓地、纪念碑和纪念馆还是有着相当大的差异。

第一节 纪念性艺术综合体的定义

国内外相关研究学者对综合体的定义有不同的解释。奚静之教授在其所著《俄罗斯和东欧美术》一书中对其称为"纪念碑综合体艺术"[1];在晨朋所著《20世纪俄苏美术》一书中称其为"雕塑综合体"[2];东南大学齐康先生所著的《纪念的凝思》一书中将其称为"纪念建筑群"[3]。埃德温·西斯科特所著《纪念性建筑》一书中称其为"纪念性综合体"[4]。而本书作者则认为应称其为"纪念性艺术综合体"更为精确合适。

何为"纪念性艺术综合体"?顾名思义"纪念性艺术综合体"应是以纪念为主题,集合了多种艺术形式的综合体。纪念性艺术综合体的构成要素包括物质要素与非物质要素两个方面,其具体体现在以下三个方面:(1)强调建筑与雕塑、园林绿化的紧密结合。(2)充分利用空间形态、材质、色彩等视觉和听觉要素。(3)合理地运用声、光、电及数字技术、多媒体技术手段。

纪念性艺术综合体强调跨学科、多部门的联合与协作,它广泛涉及社会学、历史学、建筑学、美术学、设计艺术学、风景园林及心理学等诸多领域,具有史诗般恢宏的气势,是艺术与技术有机结合的带有纪念性主题的空间环境系统。与以往的纪念馆相比,纪念性艺术综合体更具艺术的特质,更具视觉冲击力和震撼力。从外部空间形态的影像轮廓看,纪念性艺术综合体不像是建筑,而更像是可以看到并感受到承载纪念主题的精神场所。

在以对反法西斯战争胜利纪念为主题的空间环境气氛营造方面,纪念性艺术综合体往往利用人们的听觉经验,在内部或外部空间环境中反复播放低沉忧伤的背景音乐或表现坦克及飞机俯冲时的轰鸣声、枪弹的爆炸声,以此渲染强化主题,造就一种身临其境的效果,具有强烈的现场感。

简而言之,纪念性艺术综合体是一种运用多种艺术形式,利用整体而富于变化的空间形态,从多层面、多角度进行立体对话和感受特定纪念主题气氛的空间环境。这种环境使观者可以在设定的序列空间路线移动中完成心理体验感受的全过程。

---

[1] 奚静之.俄罗斯和东欧美术[M].北京:中国人民大学出版社,2004:176.
[2] 晨朋.20世纪俄苏美术[M].北京:文化艺术出版社,1997:245-246.
[3] 齐康.纪念的凝思[M].北京:中国建筑工业出版社,1995:137.
[4] (英)埃德温·希思科特.纪念性建筑[M].大连理工大学出版社,2002:193.

第二节 纪念性艺术综合体的形态特征

纪念性艺术综合体的特征主要体现在其自身的外部空间形态方面。纪念性艺术综合体大都有着较为丰富的空间形态变化,具有极为鲜明而强烈的个性化特征。它常以雕塑或纪念碑的形式作为广场或空间场景的视觉中心。一般都具有较大进深和较为开阔的空间,从入口至主景观大多呈阶梯抬升的态势。一般会具有足够的由远而近的心理过渡空间距离,且尺度体量较大,纪念性艺术综合体特别注重地平线以上的形态变化,具有空间开放和便于公众群体参与的特征。

为了更好地突出纪念场所的庄严性与纪念性,取得更好的视觉效果与心灵震撼,纪念性艺术综合体的立面天际轮廓线一般都具有强烈的视觉冲击力,通过建筑与雕塑产生的形态节奏韵律变化,可使空间环境中的叙事主题重点得到突出和强化(见图1~图3)。

图1 莫斯科胜利广场,在长约数百米的广场上,一端是高141.8米(象征卫国战争战斗的1418个日日夜夜)的三棱形的胜利女神纪念碑。在广场的右侧设有一组大型喷泉,在广场左侧是金顶白墙的常胜圣格奥尔基大教堂,在三棱形的胜利女神纪念碑的后面是一个平面为扇形的俄罗斯卫国战争纪念馆

图2 斯大林格勒战役纪念碑,从悼念池边向高地望去

图3 侵华日军南京大屠杀遇害同胞纪念馆主入口面向水西门大街,背朝茶亭东街

纪念性艺术综合体的主体通常还具有一定高度，一般多以雕塑或纪念碑形成制高点，以此造成景仰、肃穆、收缩的视觉效果，如：建于1995年的莫斯科"胜利广场"（也有学者称之为"莫斯科俯首山纪念碑综合体"）。

胜利广场由位于广场中轴线西端高达141.8米（象征卫国战争1418个战斗的日日夜夜）的三棱形的胜利女神纪念碑与纪念碑后面的半环形纪念厅构成视觉中心的主体。广场东端入口至西端纪念碑、半环形纪念厅，地面呈逐渐抬升之势。位于现今伏尔加格勒玛玛耶夫高地的斯大林格勒战役纪念碑主体雕塑"祖国·母亲"更是高达104米。斯大林格勒战役纪念碑，自入口起至玛玛耶夫高地的最高处，地面也是呈逐渐抬升的态势，使玛玛耶夫高地上耸立的104米的"祖国·母亲"雕塑更加具有强烈的视觉冲击力和心灵震撼力。位于圣彼得堡的列宁格勒英勇保卫者纪念馆主体"方尖碑"高48米（见图4～图6）。

图4 胜利广场由位于广场中轴线西端高达141.8米（象征卫国战争战斗的1418个日日夜夜）的三棱形的胜利女神纪念碑与纪念碑后面的半环形卫国战争纪念馆构成视觉中心的主体

图5 ｜ 图6

图5 位于现今伏尔加格勒玛玛耶夫高地的斯大林格勒战役纪念碑主体雕塑《祖国·母亲》高达104米

图6 位于圣彼得堡的列宁格勒英勇保卫者纪念馆主体"方尖碑"高48米

前苏联时期建造的纪念性艺术综合体为了强调视觉上的冲击力，除了保留战役发生时自然的地形地貌，再现真实场景，还多采用把展览空间置于地下的手法，如：斯大林格勒战役纪念碑和列宁格勒英勇保卫者纪念馆。展览空间置于地下既满足了使用功能，有利于保护地面事件发生时的场景原貌，又不会破坏地表之上的景观轮廓线。这与中国早期为纪念解放战争而建造的三大战役纪念馆展览空间置于地表之上的做法不同，前者所产生的视觉冲击力显然大于后者，后者更像是建筑，其纪念的性格和艺术特征不够彰显，自然也就不会产生更大的摄人心魄的震撼力（见图7、图8）。

在内部空间特征方面：展览空间是纪念性艺术综合体不可或缺的必备条件，其展览空间多设置在地下或雕塑的基座之下，展览空间主要用于展出陈列与纪念事件史实相关的文献资料和物品，人们通过从外到内的变动位移，体验完成从感性—理性的感觉认知过程。纪念性艺术综合体内部空间文字、物品等史料是外部空间纪念主题的再现和展开（见图9～图12）。

纪念性艺术综合体甚至可以成为一个城市的名片，一个城市的灵魂，也可以因其极具冲击力的影像轮廓而成为一个城市象征的地标式景观，它是一个城市英勇光荣历史的缩写。从莫斯科乘火车前往伏尔加格勒，当列车进入该市市郊时便可远远清晰地眺望见玛玛耶夫高地上高耸的"祖国·母亲"雕塑。如果你到过伏尔加格勒，相信这座英雄城市留给你最深印象的就是——斯大林格勒战役纪念碑。同样，在圣彼得堡，列宁格勒英勇保卫者纪念馆无可争议地成为这个英勇无畏城市的历史见证（见图13、图14）。

图7 列宁格勒英勇保卫者纪念馆下沉广场豁口左右两侧为展厅的出入口

图8 斯大林格勒战役纪念碑的军人荣誉厅位于玛玛耶夫高地半坡地下

图9 胜利广场，卫国战争纪念馆二层过廊展陈的物品有当年使用过的武器，上方悬挂的是参战部队荣获的荣誉锦旗

图10 沈阳"九·一八事变"历史博物馆陈列厅坡形廊道连接序列空间,空间转换过渡自然流畅,墙面展陈的是有关"九·一八"史实的内容

图11 辽沈战役纪念馆的战史馆展厅墙面展有大量的历史照片文献,展柜内陈设有当年使用过的物品

图12 列宁格勒英勇保卫者纪念馆装饰壁灯的上方是当年参战军团的战旗

图13 当列车进入伏尔加格勒市郊时（原斯大林格勒）便可远远清晰地眺望见玛玛耶夫高地上高耸的"祖国·母亲"雕塑。其极具冲击力的影像轮廓成为这个城市象征的地标式景观，它是一个城市英勇光荣历史缩写

图14 位于现今俄罗斯圣彼得堡的列宁格勒英勇保卫者纪念馆无疑是这个伟大光荣城市的地标式景观

第三节 纪念性艺术综合体的装饰表现手法

纪念性艺术综合体的装饰表现手法主要体现在如下四个方面,即:材料的选用、色彩的运用、形式母题的运用、展陈设计。

一、材料的选用

在纪念性艺术综合体中,建筑材料的肌理及色彩对纪念主题的烘托渲染极为重要。为了更好地表现突出纪念主题及营造空间场景的气氛,在建筑材料使用上,纪念性艺术综合体通常使用坚固稳定的花岗石、钢筋混凝土、金属等建筑材料来建造,不宜选用光亮华丽的材料(见图15~图19)。

图15 中国南京侵华日军南京大屠杀纪念馆新馆展厅出口处的两侧墙面分别采用的是黑色磨光花岗石与未磨光的带有粗糙肌理的黑色花岗石,二者形成对比

图16 中国辽宁抚顺的雷锋纪念馆的纪念墙采用的是花岗石材料

图17 斯大林格勒战役纪念碑通向军人荣誉厅踏步的两侧采用的是素混凝土

图18 列宁格勒英勇保卫者纪念馆,下沉广场的墙壁下端采用素混凝土,与墙壁上端锻铜结合

图19 列宁格勒英勇保卫者纪念馆,下沉中央广场纪念厅出口

图20 列宁格勒英勇保卫者纪念馆,纪念碑前主题为"胜利者"工人和士兵的主体雕塑局部

图21 列宁格勒英勇保卫者纪念馆,纪念碑前右侧大型群雕局部,女铸工的雕塑形象

图22 从另一个角度观赏花岗石基石上矗立着的士兵、飞行员、波罗的海舰队水兵、游击队员雕塑

在纪念性艺术综合体中雕塑材料的使用上,前苏联时期多采用造价经济的材料。如在斯大林格勒战役纪念碑空间环境中,无论是主体雕塑,还是其他组雕、单体雕塑都大量地采用了非常经济的水泥材料。当然,也有在纪念性艺术综合体中选择使用价格较高的诸如铸铜等金属材料的,如:列宾美术学院雕塑系阿依库申教授创作的列宁格勒英勇保卫者纪念馆系列雕塑用的就是铸铜材料(见图20~图22)。

在中国，20世纪60～70年代早期建造的综合体中雕塑材料使用上明显受当时苏联的影响和经济条件的制约，而进入90年代后，随着综合国力的增强和经济的全面快速发展，中国在建造纪念场所中使用的雕塑材料发生了明显的变化，材质坚硬的花岗石成为这一时期综合体中纪念雕塑的首选材料。随着铸铜工艺水平的提高，在纪念性艺术综合体中也出现了大量使用铸铜材质的雕塑作品（见图23、图24）。

二、色彩的运用

因纪念性艺术综合体的纪念主题带有显而易见的严肃性，因而不宜选用鲜艳跳跃活泼的色彩，而应依据纪念主题确定材料的色彩，黑、白、灰色是纪念性艺术综合体常选用的颜色。如：以屠杀或死亡为纪念主题的空间环境宜选用灰色或黑色，因为色彩所具有的表情性格特性可使纪念空间准确表达其所承载的纪念主题（见图25、图26）。

图23 南京雨花台革命烈士就义群像，材质为花岗石

图24 辽宁抚顺的雷锋纪念馆，雷锋给少年先锋队员讲故事的主题雕塑

图25 纪念馆新馆阶梯式屋面与前面广场的灰色调为主

图26 甲午海战纪念馆，建筑与雕塑材料选用的是素混凝土

三、形式母题的运用

形式母题可以看作是一种物化的装饰符号，它通常以建筑作为载体，在同一建筑系列空间环境中反复出现，形式母题应易识别和记忆。在纪念性艺术综合体系列空间环境中，形式母题的运用可以使空间纪念主题得到强化，使得系列空间之间的相互联系得到加强。在列宁格勒英勇保卫者纪念馆下沉式广场内部空间环境中，其墙壁设有900盏用当年战争遗留的炮弹壳改制的壁灯，以上一系列举措有助于空间环境气氛的渲染。炮弹壳形状的装饰壁灯在其系列空间环境中反复出现，既是主题的需要，也是空间相互联系的需要（见图27～图31）。

图27	图28
图29	

图27 形式母题是一种在空间环境中反复出现的物化符号，应易识别

图28 碑顶檐口下为瞭望窗，设计者设想其有多种含义

图29 列宁格勒英勇保卫者纪念馆，下沉广场环形墙壁上环绕布置的14盏火炬常年燃烧永不熄灭

四、展陈设计

在纪念性艺术综合体空间环境中，装饰陈设是纪念主题形象表述不可或缺的重要内容。在以反法西斯战争胜利纪念为主题的空间环境中，当年战斗中曾经使用或缴获的武器往往成为内部空间的重要陈设，有的纪念馆还展陈有英雄城市获得的荣誉之剑。列宁格勒英勇保卫者纪念馆展厅内部空间的墙壁还设有反映卫国战争历史的壁画、浮雕和军旗、荣誉旗帜，墙面上镌刻着在战斗中牺牲的英烈名字。斯大林格勒战役纪念馆悼念厅高高的墙壁上同样刻有6万多名在战役中牺牲的烈士名字，既是纪念主题的需要，同时又极大烘托渲染了环境气氛（见图32~图35）。

图30 列宁格勒英勇保卫者纪念馆，纪念厅内部空间墙壁同样也是采用素混凝土，给人以坚强堡垒般的感觉

图31 列宁格勒英勇保卫者纪念馆，纪念厅入口廊道

图32 列宁格勒英勇保卫者纪念馆，纪念厅内白色大理石英雄碑上用黄金镌写着近700个荣获最高政府奖励的列宁格勒保卫战参加者的名字，石碑的壁槽内侧是列宁格勒保卫战各参战部队的名单

图33 陈列厅中主题为"进行曲"乐谱、人物浮雕装饰墙面

图34 斯大林格勒战役全景画博物馆，陈列展台被设计成街垒形状，有一种坚不可摧的感觉

图35 斯大林格勒战役纪念碑，军人荣誉厅墙面上镌刻着近6万在战役中阵亡战士的名字

第四节　纪念性艺术综合体的表现题材

一场著名的战役，一场反人类、反种族灾难等重大的历史事件，历史名人、英雄人物都可以成为纪念性艺术综合体表现的内容，并成为纪念性艺术综合体的立项基本条件。

前苏联的艺术综合体的表现题材多为卫国战争时期具有重大影响的战役，也有为纪念在和平年代为苏联科学事业作出巨大贡献的科学家和宇航员而建造的纪念性艺术综合体。在中国，自20世纪60年代起，先后为纪念中国人民解放战争三大著名战役而建造了辽沈战役纪念馆、平津战役纪念馆、淮海战役纪念馆，以及为纪念南京大屠杀而建造的侵华日军南京大屠杀纪念馆，在表现内容上，它们分属著名的战役和屠杀类的重大历史事件。

纪念性艺术综合体题材与内容的选定，应超越意识形态的纷争，一切以国家利益和民族利益为重，要尊重历史、承认历史，只要是抵御外敌的重大历史事件都可以成为艺术综合体的表现内容，历史必须客观记述、真实还原再现，才更具感染力和生命力。

也有纪念性艺术综合体建造的目的并不是为纪念某次著名战役或重大历史事件而建。如：在中国，就有一个为普通士兵而建的纪念性艺术综合体——雷锋纪念馆，因为这个普通士兵并不普通，他的"艰苦奋斗"的精神曾是中国20世纪60年代迫切需要的一种精神力量，当时的中共中央主席毛泽东专门题写了"向雷锋同志学习"。为小人物"普通一兵"建造颇具规模的纪念性艺术综合体这在世界其他国家还未曾有过（见图36、图37）。

另外，大型纪念性艺术综合体也可以把一个国家取得的科学技术进步重大成就作为表现题材的内容。如：前苏联时期建造的、位于莫斯科和平大街的苏联人民征服宇宙空间胜利纪念碑（1964年），纪念碑由雕塑家法伊依德什·科拉吉耶夫斯基设计（见图38、图39）。

图36　辽宁抚顺的雷锋纪念馆入口大门

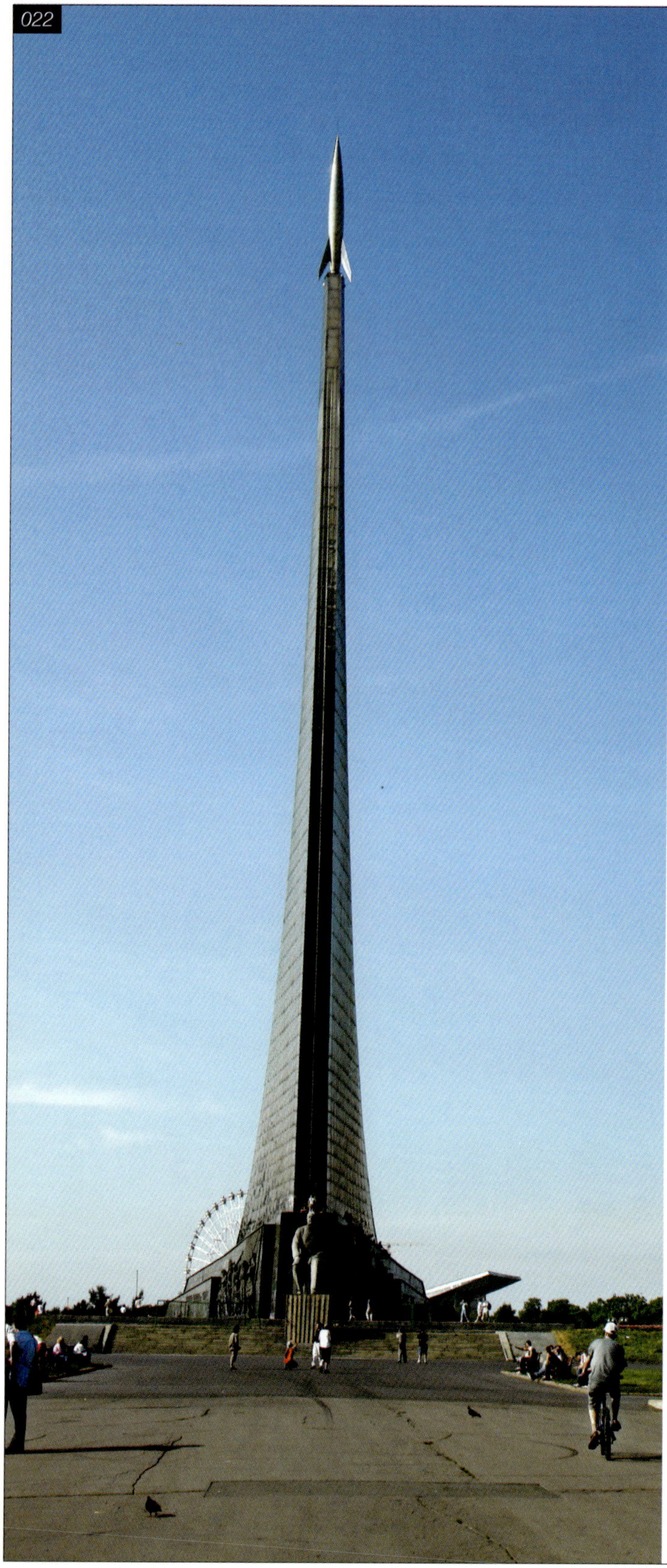

图38 苏联人民征服宇宙空间胜利纪念碑（1964）

图39 苏联人民征服宇宙空间胜利纪念碑侧立面

图37 辽宁抚顺雷锋纪念馆的雷锋纪念碑，后面的是与其同位于中轴线上的雷锋纪念馆

第五节　纪念性艺术综合体的选址

纪念性艺术综合体的选址多为重大历史事件发生地，充分利用自然地势、地貌，强调与自然环境的和谐相融，保护和利用事件发生场景地的原生状态，注重与周围环境的比例尺度关系，巧妙利用战时留下的断壁残垣的建筑物。如"斯大林格勒大会战"全景画博物馆的外观就是利用了当年战争毁坏的"巴甫洛夫大楼"、"罗季姆采夫墙"和带烟囱残迹的"市面粉厂废墟"，它们作为背景与凯旋式的全景画馆现代建筑形成对比。而斯大林格勒战役纪念碑，则是选择了当年战役进行得最残酷的玛玛耶夫高地。选择事件发生地可使场景更具现场感，更接近历史原貌（见图40、图41）。

列宁格勒英勇保卫者纪念馆，选址在当年列宁格勒防御圈的重要关卡上，这里距当年卫国战争前线仅9公里。1945年7月，列宁格勒举行反法西斯战争胜利大游行时，曾在这里搭建过凯旋门。列宁格勒

图40　全景画博物馆的露天站台上展出的军用装备。对街相望的是巴甫洛夫大楼、罗季姆采夫墙

图41　全景画博物馆后面的红色建筑是当年战役留下的、带烟囱残迹的市面粉厂废墟

英勇保卫者纪念馆的主体建筑是名为"封锁"的环形露天下沉广场,下沉广场由具有象征意义的花岗石围成。封闭的环形石壁在南部方向被冲破一个豁口,豁口面向当年列宁格勒突破围困的方向(见图42、图43)。

在选址上,也有选择非事件发生地的。如:莫斯科胜利广场位于莫斯科市俯首山下,胜利广场东端入口临近"1812年"凯旋门。高28米的"1812年"凯旋门是为纪念当年库图佐夫将军率领俄罗斯军队战胜拿破仑率领的法国军队而建,而胜利广场则是为纪念苏联在第二次世界大战中反法西斯战争的胜利而建。胜利广场与"1812年凯旋门"等一系列的纪念性建筑、广场、雕塑合并形成一个大型的纪念性主题建筑组群,它们是俄罗斯国家与民族艰苦卓绝浴血奋战经历的见证,描述了一个伟大国家和民族英勇无畏抵御外敌入侵并最终取得胜利的光辉历史(见图44)。

图42 通向纪念馆下沉中央广场的出入口

图43 中央下沉广场环形围合体上端豁口处代表当年突围的方向

图44 胜利广场东端入口临近"1812年"凯旋门

以色列建造的以"大屠杀"为纪念主题的亚德瓦希姆纪念性艺术综合体也是选择在非事件发生地。在原亚德瓦希姆大屠杀纪念馆（1961年）基础上，其周围分别建造了以屠杀为纪念主题的儿童纪念馆（1987年）、大屠杀运输纪念馆（1994年），形成了一个以屠杀为纪念主题的艺术综合体。它们共同作为犹太民族被迫害经历的见证，更是那场"大屠杀"无可辩驳的有力证据。今天，以色列已成为犹太民族的聚居地，选择在此建造是对其民族凄惨经历的回顾记忆（见图45、图46）。

在中国，同样以"屠杀"为纪念主题的有侵华日军南京大屠杀遇难同胞纪念馆，其选址是在当年大屠杀尸骨集中掩埋地之一——江东门，选址是在那场惨绝人寰大屠杀事件的发生地。

图45 以色列的儿童纪念馆

图46 以色列的亚德瓦西姆纪念馆

第六节　纪念性艺术综合体产生的时代背景

纪念性艺术综合体产生的年代，是世界正处于东西方两大阵营对峙的冷战时期，苏联和美国两个超级大国加紧了在核军备竞赛和意识形态领域的有力争夺。由于战后前苏联经济得到迅速的恢复，生产力水平提高发展，综合国力也不断增强。为提高国家的凝聚力，唤起民众的爱国热情，激励鼓舞国民昂扬向上争取进步的意志，前苏联在20世纪60年代末至80年代中前期建造了为数众多的艺术综合体。如：斯大林格勒战役纪念碑综合体（1967年），彼尔丘比斯纪念碑综合体（1960年），哈廷纪念碑综合体（1969年），光荣丘岗纪念碑综合体（1969年），布列斯特要塞纪念碑综合体（1971年），萨拉斯比尔斯纪念碑综合体（1967年），列宁格勒英勇保卫者纪念馆综合体（1975年）等。

从上述一系列浩大纪念工程的建造不难看出，前苏联人民把那场反法西斯卫国战争的胜利看作是自己历史性的最为宝贵的精神财富，需要永久的记忆以告知教育后人（见图47～图50）。

| 图47 | 图49 |
| 图48 | |

图47　列宁格勒英勇保卫者纪念馆入口上方环形围合体立面镌刻着诗人沃罗诺夫的诗句：噢，石头们！像人们一样坚强吧！

图48　布列斯特要塞纪念碑(1971)

图49　布列斯特要塞纪念碑，广场上的雕塑

1971年，前南斯拉夫为纪念本国解放战争中的最大一次战役，在当年战役进行最激烈的地方、苏捷斯卡国家公园的中心金吉石特山，建造了苏捷斯卡战役纪念碑，它是前南斯拉夫反映战争题材作品中规模最大的纪念性艺术综合体。

第二次世界大战结束后，作为被迫害民族聚居的以色列与那场血腥残酷战争的发起国德国，分别建造了关于以"屠杀"为主题的综合体。基于在和平年代人们对那场战争和屠杀渐渐淡忘，作为负责任的政府理应对那场刻骨铭心的灾难负有道义上的责任，并有义务告知后人，这是以"大屠杀"为主题的"二战"犹太人纪念性场所建造的意义及其真正目的所在。

在20世纪60年代，美国国内反越战的和平呼声渐占上风，在这种大的特定政治气候背景条件下，美国华裔建筑师林璎设计的越战纪念碑以其自身独特的视角和理解，把对那场战争的目的和意义的反思空间更多地留给了观众，其作品时至今日仍具有广泛的影响力（图51）。

中国在1985年至2000年间建造了大量纪念性艺术综合体，如：南京的侵华日军南京大屠杀遇难同胞纪念馆（1985年），沈阳的"九·一八事变"历史博物馆（1999年），锦州的辽沈战役纪念馆（1988年），南京的雨花台烈士纪念馆（1985年），江苏海安的苏中七战七捷纪念碑（1986年），平津战役纪念馆（1997年）等。

进入21世纪后，随着国力的增强和对纪念文化认识水平的提高，我国陆续对原有的一些设施落后和接待能力差的纪念馆进行了改建或扩建，如侵华日军南京大屠杀遇难同胞纪念馆（2007年），锦州的辽沈战役纪念馆（2004年）和淮海战役纪念馆（2007年）等。在这一时期，无论是新建还是改扩建的纪念性艺术综合体，在新技术的应用和纪念场所空间营建理论方面都较之以往有了很大的变化。

2007年12月13日，侵华日军南京大屠杀遇难同胞纪念馆经重新扩建后开馆。

由于大型的纪念性艺术综合体工程建造通常耗资非常巨大，而且涉及部门多，因此，必须动用国家的力量，并需要政府相关政策和资金的协调与支持才能使之付诸实现，才能确保其工程建造质量和艺术质量的高水准。在前苏联时期，纪念性艺术综合体的建造为了确保其工程与艺术质量的高水准，所建造的任何一个项目，往往都离不开为数众多的雕塑艺术家与建筑师共同的积极参与。

在苏联解体后，出于意识形态需要的考虑，俄罗斯在1995年国家经济十分困难的情况下，仍投入巨资建造了莫斯科的胜利广场大型艺术综合体，以此纪念伟大的国家和人民反法西斯战争胜利50周年。由于俄罗斯特殊的国家经历和长期不懈的爱国主义、英雄主义教育，到烈士墓前祭奠献花仍然是今天俄罗斯青年人结婚仪式中的重要内容之一。

图50 从侧面看玛玛耶夫高地上的斯大林格勒战役纪念碑"祖国·母亲"主体雕塑

图51 美国的越战纪念碑，主体黑色花岗石纪念墙

第二章
纪念性艺术综合体的类型

为了更好地深入研究了解纪念性艺术综合体,很有必要对其进行类型上的划分。纪念性艺术综合体的类型主要采取以外部空间形态来划分的方法,划分后大体上有以下三种类型:1.以雕塑为主体的艺术综合体;2.以雕塑与纪念碑结合的艺术综合体;3.以建筑为主体的纪念性艺术综合体(见图52~图54)。

图52 斯大林格勒战役纪念碑,以雕塑为主体的纪念性艺术综合体

图53 莫斯科胜利广场,以雕塑纪念碑为主体的纪念性艺术综合体

图54 斯大林格勒战役全景画博物馆全景

第一节 以雕塑为主体的纪念性艺术综合体

以雕塑为主体形成广场视觉中心的表现形式，其主要特征表现为：雕塑是纪念广场或纪念场景的视觉中心，大型的主题雕塑往往处于广场中轴线上，雕塑尺度较大，位置显要突出。强调雕塑语言的运用，利用雕塑的象征意义，以更直接更具感染力的艺术形式表述纪念主题。雕塑还有着对历史片段与场景瞬间凝固的作用，形态特征作为情感表述，庄严，具有视觉冲击力（见图55、图56）。

在原东德柏林（现德国柏林）特烈普托夫公园苏军阵亡烈士公墓（1947年）的外部空间环境中，"苏军解放柏林纪念碑"形成景观视觉中心，这是以雕塑为主体的纪念性艺术综合体的开山之作。纪念碑以雕塑为主体，身披斗篷，一手持宝剑，另一只手抱着一个德国孤儿的苏军战士雕塑高30米，位于场景中轴线的位置高处。纪念性艺术综合体的设计由前苏联著名的军事题材雕塑家叶·维·武切季奇、画家阿·安·戈尔宾科、建筑师雅·别洛波利斯基合作完成，军事顾问是前苏联时期元帅瓦·伊·崔可夫。另外，前苏联时期建造的萨拉斯彼尔斯纪念碑（1967年）也属于以雕塑为主体纪念性艺术综合体（见图57）。

最具影响力的以雕塑为主体纪念性艺术综合体，当属斯大林格勒战役纪念碑（斯大林格勒现为伏尔加格勒），由著名军事题材雕塑家叶·维·武切季奇领导的创作小组与建筑师雅·别洛波利斯基合作，集体完成。它位于伏尔加河畔当年斯大林格勒会战的著

图55 斯大林格勒战役纪念碑，高地上的"祖国·母亲"大型主题雕塑

图56 斯大林格勒战役纪念碑，忧伤广场"忧伤母亲"大型雕塑

图57 前东德柏林的特烈普托夫公园的苏军阵亡烈士公墓，主体大型雕塑

图58 斯大林格勒战役纪念碑，纪念性艺术综合体"宁死不屈广场"

图59 斯大林格勒战役纪念碑，悼念池边的"英雄广场"，英雄广场设有6组人物雕塑

图60 斯大林格勒战役纪念碑，"忧伤母亲"

图61 斯大林格勒战役纪念碑，"宁死不屈广场"通向"英雄广场"梯级路上两侧的"废墟墙"

名的玛玛耶夫高地。斯大林格勒战役纪念碑由高地上高达104米的"祖国·母亲"主题雕塑与高地下的"英雄广场"、"宁死不屈广场"、"忧伤广场"三个主题广场构成（见图58～图61）。

第二节 雕塑与纪念碑结合为主体的纪念性艺术综合体

纪念性艺术综合体的另一种类型，是雕塑与纪念碑结合为主体的纪念性艺术综合体，这种类型应源于埃及"方尖碑"和罗马"纪功柱"，以及祭坛形式的纪念广场，另外，也是最易解读和被民众接受的一种传统的纪念载体形式。在雕塑与纪念碑结合为主体的纪念性艺术综合体中，雕塑与纪念碑的结合体是视觉的中心，往往也是空间场景中的制高点（见图62～图65）。

前苏联建造了很多以雕塑与纪念碑结合为主体的纪念性艺术综合体。其中，影响较大的是圣彼得堡市区南部的列宁格勒英雄保卫者纪念馆，它由列宾美术学院教授、人民艺术家、雕塑家М·К·阿依库申与建筑师В·А·卡缅斯基、С·Б·斯别朗斯基合作完成。前苏联时期建造，现白俄罗斯境内布列斯特市的布列斯特要塞纪念碑（1971年）与俄罗斯为纪念反法西斯战争胜利50周年建造的莫斯科的胜利广场（1995年），两者从类型上也都属于雕塑与纪念碑结合的纪念性艺术综合体。布列斯特要塞纪念碑的设计者是前苏联时期著名的阿列克塞·卡巴里尼科夫等三名雕塑家。胜利广场由俄罗斯建筑师波利扬斯基、布达耶夫、瓦瓦金，雕塑家采利捷利共同合作完成（见图66～图68）。

图62 埃及鲁克索的阿蒙神庙拉美西斯二世塔门入口左侧花岗石方尖碑（约公元前1260年），右面的方尖碑已运至法国巴黎的协和广场

图63 意大利罗马图拉真广场（公元113年）

图64 莫斯科的胜利广场，巨大的喷水池，可以减弱来自城市交通干道车流带来的噪声

图65 中国天津的平津战役纪念馆，从胜利门入口到方尖碑形式的胜利纪念碑

图66 列宁格勒英勇保卫者纪念馆，纪念碑基座前为"胜利者"工人和士兵雕塑

图67 列宁格勒英勇保卫者纪念馆，纪念碑前面的主题为"胜利者"工人和士兵的主体雕塑

图68 位于现今白俄罗斯境内的布列斯特要塞纪念碑，从入口向纪念碑方向望去

建于1971年的南斯拉夫苏捷斯卡战役纪念碑，在表现内容上属于争取独立解放的战争题材，在类型上归属于以雕塑与纪念碑结合为主体的纪念性艺术综合体，纪念碑的设计者是前南斯拉夫著名雕塑家日夫科维奇。苏捷斯卡战役纪念碑是前南斯拉夫争取独立解放战争题材作品中规模最大的纪念性艺术综合体。

前南斯拉夫苏捷斯卡战役纪念碑纪念性艺术综合体以纪念碑为主体，辅有纪念馆和多座陵墓。苏捷斯卡战役纪念碑通过系列浅浮雕画面，以极具冲击力和感染力的形态语言反映和再现了在铁托的率领下，游击队以英勇无畏的精神和坚强的毅力从苏捷斯卡河谷地区胜利转移到波斯尼亚东北部的历史场景。

苏捷斯卡战役纪念碑位于当年战役最惨烈的"金吉石特山"高地。纪念场景中由两块高达19米的、巨大而突兀的碑身构成纪念碑的主体，纪念碑主体部分采用白色水泥制成。碑体中间有小路通过，象征突围时的艰难，纪念碑雕塑为前南斯拉夫著名雕塑家日夫科维奇创作设计。两块纪念碑体上面由系列的浅浮雕画面构成，在纪念碑后面的石阶上面刻有当年参战部队的名称或番号。纪念碑前的墓碑碑文上刻写"3301名游击队战士在此安息长眠"。山脚下是苏捷斯卡纪念馆，馆内墙壁刻有战役前后牺牲的6508名牺牲者的名字，在纪念碑周围还散落布置一些陵墓和纪念地（见图69）。

苏捷斯卡战役纪念碑虽然以纪念碑为主体，但由于其纪念碑的形态所具有的显而易见的雕塑语言特征，因此把它划分在"雕塑与纪念碑结合的纪念性艺术综合体"范畴更为合适。

图69 南斯拉夫的苏捷斯卡战役纪念碑

果,会让人产生似乎即将被压顶埋葬的感觉(见图71)。

犹太人大屠杀纪念馆的设计运用了形而上的引喻、象征、暗示的手法来实现与观者情感的共鸣与对话,有评论认为它是几何形态意义的深层发掘,是基于纯粹几何形态美学的理性表述,该设计用物化的几何形态语句营造了一种极具理性主义风格特征的纪念性场景。犹太人大屠杀纪念馆的建造表明了作为战争策源地的德国现政府真诚的谢罪心态。

以建筑为主体的纪念性艺术综合体比照上述两种纪念性艺术综合体的类型虽没有强烈的视觉张力,然而,其抽象形体隐喻的纪念主题会给观者留下更多的思考。

第三节 以建筑为主体的纪念性艺术综合体

以建筑为主体的纪念性艺术综合体其外部特征为:综合体中的建筑应是视觉的中心,较少运用或不用雕塑营造环境气氛。以建筑为主体的纪念性艺术综合体的建筑形态轮廓一般都极为抽象简洁。建筑为主体的纪念性艺术综合体以欧美国家成就更为突出。如:位于德国柏林市中心临近勃兰登堡门的犹太人大屠杀纪念馆(2005年5月10日落成),它是为在"二战"中被纳粹残害致死的600万犹太人而建。大屠杀纪念馆主要是由两部分组成,地上部分露天广场由序列的混凝土方块构成,设置在地下的展陈空间是系统描述纳粹屠杀欧洲犹太人历史的信息中心,展陈有大量的有关大屠杀的史料。在纪念馆入口处尽头有6幅大屠杀受害者的头像,象征600万被屠杀的犹太人。距纪念馆不远处就是希特勒自杀的地下室。在犹太人大屠杀纪念馆,关于屠杀的纪念主题是由序列的、形态特征抽象的坚固混凝土构筑体隐喻表述的,它凝聚着这个国家和民族的理性思考(见图70)。

犹太人大屠杀纪念馆的地上部分占地19073平方米。在馆区内起伏的地面上安放了总计有2711块长立方形态的"素色混凝土块","素色混凝土块"每块长2.38米、宽0.95米,高度则不等,最高的有4.7米。当人们穿行在巨大的"素色混凝土块"组成的方阵其间时,眼前茫然的灰色与造型单调的景象令人感到阴森恐惧,仿佛在墓地中穿行。纪念馆馆区广场内由小尺度的方砖铺路,不到一米宽的小路随地形起伏变化。当人们步入广场中央的低凹处时,由于周边高大的"水泥墩"微微倾斜所产生的压抑视觉效

图70、图71 德国柏林的犹太人大屠杀纪念馆

第三章
纪念性艺术综合体流线组织与空间形态

第一节 流线组织

纪念性艺术综合体一定要由序列空间组合而成。在序列空间中，设定的纪念主题通过情节线索贯穿始终，序列空间遵循设定的纪念轴线构成了纪念性艺术综合体空间场所结构。在纪念的场景中，交通流线的组织应确保参观者体验感受纪念主题的完整性和所纪念的事件线索联系不被切断，序列空间流线的组织既要自然顺畅又要秩序井然。好的序列空间流线组织可使参观者神情专注，节约参观时间，使之不至于产生疲劳。序列空间的组成还受纪念的主题、场地条件及建造规模的制约和影响。

纪念性艺术综合体的外部空间环境结构通常由入口——纪念广场——纪念碑或雕塑（也可以是两者的结合体）——纪念馆等组成。平面布局形式多以中轴线作为纪念的主轴，序列单体空间沿中轴线依次排开。如：前苏联时期建造的斯大林格勒战役纪念碑，俄罗斯建造的莫斯科的胜利广场，以及中国的辽沈战役纪念馆、平津战役纪念馆等。中轴线作为纪念主轴的布局形式在交通组织上不仅极为便捷，而且，中轴线径直的流线还使得序列空间更加具有严谨的逻辑性，可以更好地突出表述纪念主题（见图72～图75）。

为便于纪念主题情节线索的展开和叙事，有利于更完整地表述事件过程，纪念性艺术综合体内部空间通常由入口、门厅、序厅、悼念厅、序列展厅、影视厅、全景画室及结束厅等系列空间组成，内部序列空间注重主题情节线索的连续性，注重记录事件的文字、物品的展陈。

在纪念性艺术综合体的外部空间环境中，为了突出和渲染纪念主题，大多采用纪念墙——大型浮雕及大型雕塑的形式借以加强纪念主轴线的视觉效果（见图76～图78）。

纪念性艺术综合体悼念厅中的交通流线安排应带有明确的指向性，通过设定安排的路线，进入下一个纪念空间。如：在斯大林格勒战役纪念碑军人荣誉厅中，观者沿着环形的、逐渐抬升的通道步入室外空间——玛玛耶夫高地。人们步出军人荣誉厅便可抬头仰视到"祖国·母亲"巨型雕塑，当人们从很压抑悲伤的悼念厅中走出，迎面看到的是高地顶端、手挥胜利宝剑的"祖国·母亲"巨型雕塑，她的步伐是如此的坚定有力，势不可挡，人们便会感受到心头的阴霾已经散去，感觉到"祖国·母亲"的身后有着无数英勇无畏的俄罗斯优秀儿女前赴后继，为巨大的祖国——前进……序列空间带来的情绪感染由英勇无畏、惨烈牺牲、痛苦悲伤转入又一次的冲击、前进，直至最后胜利，展现在你眼前的是胜利的终曲，其强烈的视觉冲击力可想而知（见图79、图80）。

图72	图73
图74	图75
图76	

图72 沿中轴线依次布置宁死不屈广场、英雄广场、忧伤母亲广场直至"祖国·母亲"雕塑

图73 莫斯科胜利广场

图74 辽沈战役纪念馆，外部空间环境沿中轴线依次布置入口、纪念碑、纪念馆主体建筑

图75 平津战役纪念馆，位于天津，纪念馆由入口、纪念广场、纪念馆三个部分沿中轴线依次排列组成

图76 前东德柏林的特列普托夫公园的苏军阵亡烈士公墓，浮雕形式的系列纪念景墙

图77 斯大林格勒战役纪念碑,宁死不屈广场雕塑

图78 斯大林格勒战役纪念碑,通向高低两侧的大型浮雕"废墟墙"

图79 斯大林格勒战役纪念碑,军人荣誉厅弧形坡道

图80 军人荣誉厅弧形坡道通向室外高地出口

第二节　外部空间形态

纪念性艺术综合体是可供人们悼念凝思的精神场所，它不是通常意义上的带有纪念功能建筑概念。换言之，在纪念性艺术综合体中人们应该忘记了是在建筑空间环境中，而是置身在可以感受纪念凝思的场所。纪念性艺术综合体与传统的造型规则平稳的纪念馆相比更强调视觉上的冲击力，在这一点上是极为重要的，也是纪念性艺术综合体的最为显著和最重要的特征。

前苏联时期建造的斯大林格勒战役纪念碑和列宁格勒英勇保卫者纪念馆等纪念性艺术综合体，为强调综合体地表之上外部空间形态的视觉冲击力，两者都采取了把展览空间置于地下的手法，以确保地表之上的形态不受影响，收到了很好的视觉效果（见图81、图82）。纪念性艺术综合体的外部空间环境空间中，通常是由大型主题雕塑或形态极具冲击力的纪念碑控制景观轮廓影像的制高点或视觉的焦点。如：斯大林格勒战役纪念碑纪念性艺术综合体景区玛玛耶夫高地上的主体雕塑"祖国·母亲"高104米；位于莫斯科胜利广场中轴线上的"胜利女神纪念碑"高141.8米。在纪念性艺术综合体中，雕塑和纪念碑是经常采用的形式手法，既是主题的需要，也是场景构图的需要，其造型往往都具有极强的主题属性和鲜明的个性化及艺术化的特征。

图81 斯大林格勒战役纪念碑，玛玛耶夫高地下是军人荣誉厅

图82 列宁格勒和平英勇保卫者纪念碑，下沉广场，右侧为纪念馆出口

第三节 内部空间形态

纪念性艺术综合体内部空间形态较之一般展览空间,其内部空间形态更具张力和极强的个性化性格特征,平面空间形态的设计往往受其空间场所所承载的悼念记忆的主题制约。

内部序列空间的过渡应自然流畅,应具有非常明确的导向性,使参观者在不知不觉地感受和体验纪念主题的过程中完成空间转换。纪念性艺术综合体的内部空间形态处理与空间功能悼念记忆的主题关系密切。斯大林格勒战役纪念碑的悼念厅和莫斯科胜利广场的"光荣厅"平面被设计成圆形,主要目的还是从人的视知觉的角度出发,因为,圆形的平面不仅可以保证场所空间立面展示效果的完整性,而且还能使人视觉与心理感受流动顺畅,使其产生立体全方位的视觉心理感受(见图83~图85)。

在南京,侵华日军南京大屠杀遇害同胞纪念馆的"尾厅"平面被设计成了三角形,并通过在空间中运用灯光、展陈等手段营造出了一个令人凝思窒息的空间环境气氛,其外宽内窄的三角形平面空间形态显得分外局促,加之幽暗的光线,给人以寒气逼人、紧张凝固的心理感受。在这里,每隔12秒钟便有一颗水珠从上空落下,侧面墙上贴有遇难者遗像的灯闪亮而后熄灭,象征着一个生命的消亡。其记忆悼念主题空间设计的史学基础是:基于当年那场血腥的大屠杀在短短6个星期中有30多万同胞遇难,如果以秒来计算,每隔12秒就有一个鲜活的生命消逝(见图86)。

图83 在斯大林格勒战役纪念碑,圆形的军人荣誉厅中央是近6米高的手擎不息火炬的雕塑

图84

图85 | 图86

图84 莫斯科的胜利广场,俄罗斯卫国战争纪念馆中的光荣厅之一

图85 莫斯科的胜利广场,俄罗斯卫国战争纪念馆中的光荣厅之二

图86 南京侵华日军大屠杀纪念馆,尾厅中一个局促的三角形空间墙面展有当年遇害者的照片,这里每隔12秒便有1盏灯熄灭

第四章
绿化和植物选配与纪念性艺术综合体

第一节 植物配置原则与纪念性艺术综合体

在纪念性艺术综合体中，植物的配置设计应遵循因地制宜、适地适树、宜林则林、宜草则草的生态原则。适宜采用多林种、多树种、乔灌花草相结合的手法，通过丰富多样的植物配置方式，选择具有庄重肃穆性格特征的树种，如：雪松、马尾松、黑松、龙柏、圆柏、五针松、银杏等，它们可以作为纪念景区环境中营造立面形态的主要植物，可以产生庄严肃穆的空间效果。采用珊瑚树、海桐、龙柏、蜀桧等常绿树种营造高大、平整规则的翠绿色块，与依地形铺设的草坪共同作为衬景烘托纪念主题（见图87、图88）。

在纪念性艺术综合体中，基于纪念主题的严肃性，植物配置布局应以"规则式"为主，而以"自然式"为辅。采取"规则式"的植物布局与沿纪念性艺术综合体中轴线布置的建筑、雕塑，不仅能保持一种相对协调稳定的依存关系，而且其布局外形轮廓可产生庄严肃穆的环境气氛。"自然式"植物布局则应是结合地形、水体、活动空间来配置植物，给人一种舒缓、调节、放松的心理感受。"自然式"布局与"规则式"布局的灵活运用可以更好地展现植物的群体美和个性美（见图89～图91）。

在纪念性艺术综合体中，植物的配置还应兼顾四季的景色。在春季主要是观叶，而在夏季则主要是观

图87 斯大林格勒战役纪念碑，悼念池周边环境绿化

图88 中国江苏徐州的淮海战役纪念馆，淮海战役烈士纪念塔前植物配置

图89 两侧绿化带有着导向的作用

图91 陵园中"烈士纪念馆"、"思源池"周边环境绿化

图90 斯大林格勒战役纪念碑，玛玛耶夫高地上的植物配置多以"自然式"为主

花，花掩映在绿叶丛中。彩色叶树种的选用可增添秋色的魅力，而冬季则是腊梅傲雪的时节，腊梅与苍松翠柏相伴营造出圣洁清雅的冬令景色。

在植物配置上，不仅要讲求平面构图，还应注意兼顾立体层面的丰富性，使之平、立面结合形成多层次变化。既要满足植物物种的生态需求，又要兼顾植物形态色彩的艺术性。植物垂直结构层次主要分为乔木、灌木、地被层，或绿篱、草坪多层次的植物配置。上述做法不仅有利于各类植物的互生效应，还使得常绿、色叶、开花植物广泛应用到以纪念为主题的植物群落中来（见图92）。

图92 斯大林格勒战役纪念碑，玛玛耶夫高地上的以"自然式"和局部"规则式"结合的植物配置

第二节 植物的配置方法与纪念性艺术综合体

纪念性艺术综合体是带有纪念主题并充满人文色彩的景观环境,在以纪念为主题的空间环境中,如果没有围绕纪念主题而精心配置的各类植物,一定会显得单调、呆板、缺少灵气,其纪念环境的整体气氛会因此而受到削弱。采用合理的植物配置,使之与建筑、雕塑相互呼应,相互映衬,让人们在参观、瞻仰祭拜先烈先贤的活动中感受到视觉的、精神的、自然生态的,以及心理感受和情绪上的变化(图93、图94)。

在纪念性艺术综合体的空间环境中,经常采用"规则式"的植物配置手法在纪念性建筑周围配置龙柏、女贞球、海桐球及蜀桧绿篱等作为建筑的衬景,以此象征寓意英烈的万古长青。也可采用矮绿篱或花带做成模纹花坛——纪念符号,通过借助符号手法更好地点题。背景绿地植物宜栽植雪松、竹林、凤尾兰、迎春花、玉兰、红枫、五针松、罗汉松、丁香、银杏、冷杉、七叶树、黄檀、乌桕、桂花、梅花等,利用植物营造出丰富的层次变化。距离建筑物较近处,宜栽植大面积的草坪,这样可以使得主体变得突出和醒目(见图95)。

图93 中国江苏徐州淮海战役纪念馆景区内植物配置

图94 中国辽宁抚顺的雷锋纪念馆,雷锋之墓背景绿化

图95 莫斯科胜利广场纪念碑前草坪上红色的1945字样醒目的立体花坛,象征战争胜利的那一年

第三节 树种

在纪念性艺术综合体中,雕塑的周围配置植物宜选择柏树、雪松、云杉、青杆、青松等高大常绿乔木。因为这些植物含有隐喻、象征大义凛然、刚正不阿、庄严肃穆的性格特征,借用这些植物形成苍松如海的背景,并在其周围栽植红枫、鸡爪槭、腊梅、海棠、紫薇、红叶李等色叶植物,以映衬雕塑,配合雕塑主题的表现。同时,为增加和丰富层次,可在雪松林下栽植桂花、石楠、珊瑚树、龙柏、黄杨。在纪念性艺术综合体场景的外围区域,宜片植或群植池杉、悬铃木等高大乔木,以丰富纵向景观及天际轮廓线的变化;而在缓坡和较为平坦处的林下更适宜栽种麦冬、萱草、石蒜、景天等地被植物(见图96)。

图96 中国江苏南京的雨花台烈士陵园,"烈士就义群像"背景绿化

第五章
纪念性艺术综合体的社会学因素

第一节 心理体验与精神教化的场所

纪念性艺术综合体在爱国主义、历史主义、英雄主义、理想主义方面的教育作用是显而易见、无可争议的。纪念性艺术综合体作为国家和民族重大历史事件回顾记忆的物质载体，依其自身所具有的鲜明的个性化艺术特质和史诗般恢宏的气势，使之成为无可替代的国民国防教育及爱国主义教育的精神场所。纪念性艺术综合体是在记忆与凝思中完成悲情心理体验的空间场所，它具有潜移默化的、特殊的意志传导与精神教化的功能。纪念性艺术综合体提供的是一种"视觉－扫视－注目凝视－感受"的心理体验和行为体验互动的空间环境（见图97～图99）。

纪念性艺术综合体利用美学与心理学的原理营造承载纪念主题的空间场所。根据艺术心理学所下的定义："形体、色彩、声音构成的视觉与听觉方面的元素具有显而易见的心理刺激作用"，诸如提示、暗示、隐喻等。这是因为在特定的空间环境中，个体的视觉与听觉方面的经验往往会产生相应的生理条件反射——审美经验的情感位移。而形体、肌理、色彩、声音等视觉与听觉元素在纪念性艺术综合体中是不可或缺的，它们在其中扮演着纪念主题悲情传导的表述作用。

形体、肌理、色彩、声音等视觉与听觉元素可以使人触景生情产生联想。如：在斯大林格勒战役纪念碑"宁死不屈广场"通向高地两侧历史长卷般的"废墟墙"，你可以感受到苏联红军战士的英勇无畏和那场战役的惨烈，不时传来的隆隆枪弹爆炸的声音更是加强了逼真的现场感。在高地上104米高的手持利剑身体前倾的"祖国·母亲"雕塑极具视觉冲击力，"祖国·母亲"巨大的身躯具有强烈的感召力。背景音乐"神圣的战争"那令人熟悉的卫国战争歌曲的曲调更是使人热血沸腾，感受到先烈前赴后继、不怕牺牲、勇敢向前的精神。在这里，人们仿佛又回到了那场腥风血雨残酷的战争年代……（见图100）

在物质媒介或风格媒介的作用下，艺术可以创造出原本性的张力系统和个性化的视觉样式，而对于知觉来说，它们起到了存在之表现和平衡冲突的功能。[1]造型艺术中的形状等同于某种与世界的关系，通常会带有鲜明个性化的情感属性，当然，这一切都是建立在人的知觉经验基础上的。纪念性艺术综合体正是利用了环境与行为交互作用的原理，在事件的原发地或特定的场合、空间场景内附注于设定的主题，通过艺术与技术等诸多相关因素的利用结合，诉诸纪念与哀思之情，它是以纪念为主题的张力系统和视觉样式的空间场所。

纪念性艺术综合体在纪念情感的表述煽情方面是其他艺术形式无法比拟的，这也正是纪念性艺术综合体在第二次世界大战结束后不长的时间内能够迅速发展并走向成熟的重要原因。

---

[1] 阿恩海姆、霍兰、蔡尔德.艺术的心理世界[M].周宪译.北京：中国人民大学出版社，2003：104.

图97 莫斯科胜利广场上一对新婚青年，到纪念碑是俄罗斯人婚礼仪式中不可缺少的一个重要环节

图98 纪念性艺术综合体是进行爱国主义教育的最佳课堂

图99 列宁格勒英勇保卫者纪念馆成为该市青年人结婚必去的场所，对英雄的拜谒已成为俄罗斯民族的传统

图100 位于高地上的"祖国·母亲"，巨大的身躯具有强烈的感召力

第二节 纪念性艺术综合体与国家和民族经历

战争给人类带来巨大的苦难与创伤,前苏联在第二次世界大战中总计有2700多万生命被夺走,仅列宁格勒在反法西斯战争中就有100万人遇难,苏军阵亡将士870余万人,其悲壮惨烈程度是其他民族难以体会感受的,战争带来的民族躯体与心灵的创伤难以抚平,必然在作品中体现出来。

前苏联纪念性艺术综合体,大多是为"保卫亲爱的祖国"而英勇无畏牺牲的将士们而建。纪念性艺术综合体的主体往往带有明显的前冲态势,动态形象产生的视觉冲击力极强,悲情的英雄主义特质明显,在许多作品中都可以感受到:"起来!巨大的祖国",苏联军民同仇敌忾"让高贵的愤怒,像波涛翻滚"(摘自前苏联卫国战争歌曲《神圣的战争》),气势排山倒海。前苏联把卫国战争看作是一场伟大神圣的战争,于是卫国英雄和荣誉集体成为这个国家纪念性艺术综合体主要的表现主题。

2005年,作为战争策源地的德国,耗资约3500万美元建造了犹太人大屠杀纪念馆,其主要目的是通过此举表达对发动战争及对人类文明世界带来灾难的深刻反省与谢罪心态。1942年12月,纳粹德国在波兰奥斯维辛设立了"瓦斯杀人工厂",把大批由荷兰、比利时、挪威和东欧各国抓来的犹太人送进集中营,甚至在德国本土的布亨瓦尔德(Buchenwald)也设立了"杀人工厂"的集中营,战争中被瓦斯杀害的犹太人达250万人,战争中被屠杀的犹太人近600万人。德国在给别国带来伤害灾难的同时,也让自己付出了沉痛的代价,在战争期间仅德国军人就死亡400多万人。基于那段惨痛的历史,作为负责设计纪念馆的美国建筑师彼得·埃森曼认为:他的设计将强迫人们面对过去。

同样作为战争策源地的日本,既是罪恶战争的发起国,也是战争的受害国,在战后建造了广岛和平公园,其建造的目的,为的是牢记战争的残酷。广岛和平公园以1915年建成的广岛物产陈列馆(由捷克建筑师设计)原子弹爆炸废墟为中心。在园中有多件雕塑并建有和平纪念馆,设有永不熄灭的火炬,在园中的一座祭奠日本人被原子弹爆炸夺取生命"慰灵塔"上面刻有"请安息吧,因为不会再犯错误了"的名句。

作为遭受纳粹迫害历经苦难的民族犹太人聚居地的国家以色列,建造纪念性艺术综合体的目的,是纪念那场战争给犹太民族带来的刻骨铭心的伤害,其有关"大屠杀"纪念性场所的建造可以说是对犹太民族内心悲伤重负的申诉。二战犹太人纪念性艺术综合体凝聚、承载了犹太民族太多太多的心灵苦难与创伤。

以色列自建国以来,建造了为数众多的关于以屠杀为纪念主题的建筑,其中比较有影响的是耶路撒冷新大屠杀纪念馆。设计方案或许是受煤矿建筑设施的启发,纪念馆的主体部分采用了三棱柱形结构,三棱柱的顶端是一个玻璃天窗,它可以使阳光进入室内而不至于使内部光线太暗。纪念馆的末端是一个大厅,大厅内刻记着死难者的名字和生平传记,表达了对那些无名死难者的怀念。建筑设计:摩西·赛弗迪(Moshe Safdie)。

1987年,以色列为纪念在大屠杀中丧生的150万儿童建造了儿童纪念馆,建筑设计:摩西·赛弗迪;1994年建成大屠杀运输纪念馆,建筑设计:摩西·赛弗迪;在1995年,以色列又通过了大屠杀博物馆扩建方案,它们共同位于以色列亚德瓦西姆。对大屠杀运输纪念馆,建筑师赛弗迪认为"这节摇摇欲坠于峡谷边缘的火车皮即将开始奔向无底深渊的旅行。在路基挡土墙的碑体上刻有大屠杀幸存者描述当时状况的证词,刻在其上的铭文意味着永世不忘。大屠杀运输纪念馆的形态构成明显地带有一种前行方向的不确定性,隐喻表达了一种内心不安的情绪,似乎预示行将来临的一场灾难"[1](见图101~图103)。

人类对屠杀的纪念是痛苦经历的悲伤回忆,犹太人建造的纪念性艺术综合体给人们的直接感受是悲伤和对死亡的恐惧。多采用自然主义和现实主义象征隐喻的具有理性主义特质的抽象表现手法。在这一点上,它截然不同于前苏联的纪念性艺术综合体。后者在对那场战争的记忆解释是:以解放者、英勇无畏的爱国者、英雄主义的角度切入,展示了那场被称为伟大卫国战争史诗般的悲壮场面。以色列建造的二战犹太人纪念性艺术综合体,依据犹太民族受迫害的历史线索,在设定的场景中通过诸多艺术与技术的手段强化对人体感官的作用和刺激,渲染突出大屠杀的纪念主题。它不同于前苏联时期建造的纪念性艺术综合体中所展现出的英雄主义与英勇无畏的牺牲精神,而是带有明显的悲伤与苦难的

---

[1](英)埃德温·希思科特.纪念性建筑[M].大连理工大学出版社,2002:193-195.

色彩（见图104、图105）。

通过对上述不同国家艺术综合体的类比，我们可以得出这样的结论，所有纪念性艺术综合体建造的目的大都出于对卫国战争、解放战争胜利的纪念和对大屠杀的记忆，或对某一重大历史事件的回顾。从中我们不难看出，不同的国家经历与不同的意识形态背景必然作用并决定纪念性艺术综合体表现形式的特异性和审美的价值取向。

战争与和平是纪念性艺术综合体的催生促进剂，不同的历史时期，不同的社会制度、政治信仰和哲学基础，以及生产力发展水平都会对其产生制约和影响。

图101	
图102	图104
图103	图105

图101 以色列的儿童纪念馆

图102 以色列的大屠杀博物馆扩建方案模型（局部）

图103 大屠杀运输纪念馆的形态构成明显的带有一种前行方向的不确定性，隐喻了一种内心不安的情绪

图104 斯大林格勒战役纪念碑，动态张扬的主题雕塑

图105 莫斯科的胜利广场

第三节 哲学基础、意识形态与纪念性艺术综合体

古希腊时代的神庙是"神向人类现出人形真身时的场所",神庙通过"柱式的性格和住房对场所的指示性位置"来显示纪念性。希腊的哲学使纪念性建筑特征向抽象的形体完美转移,纪念人类思维通向"理性"的进程,古罗马人的庙宇是人类的纪念碑,它的空间向罗马式人类场所模式靠近。纪念超自然—人格神的中世纪教堂,以纵长和高耸指向一个"人类和一切自然存在的终极目标"。这一切都随着社会文明的进步而改变。

19世纪,法国著名雕塑家吕德为法国巴黎星形广场(今戴高乐广场)的雄师凯旋门纪念性建筑创作了高浮雕作品"马赛曲",凯旋门内壁上刻有拿破仑96个胜利战役情节的浮雕,表达和传递了法兰西民族一种坚定信心与不可抗拒的英雄力量,是"光荣与梦想"萦绕升腾的记述(见图106、图107)。

图106 法国巴黎戴高乐广场(星形广场)的雄师凯旋门纪念性建筑

图107 凯旋门上面法国著名雕塑家吕德创作的高浮雕作品"马赛曲"

以信仰共产主义并把解放全人类为己任的社会主义国家前苏联，在纪念性艺术综合体创作上，人民英雄、英雄集体成为重要的表现内容。作品多以现实主义和浪漫主义结合的手法对战争残酷场面捕捉刻画，历史性和纪实性的情节内容强调悲壮与胜利的戏剧性冲突、对比。在纪念性艺术综合体内部空间中，以全景画的形式展示再现战争场景，具有史诗般的恢弘气势。纪念性艺术综合体外部空间则以综合的"组群形态"加强视觉冲击力，特别重视雕塑的表现力（见图108～图114）。

	图111
图108	图112
图109	图113
图110	

图108 斯大林格勒战役纪念碑，岩石般的"废墟墙"浮雕墙表现的是当年战役激烈的场面，"废墟墙"浮雕景墙之一
图109 斯大林格勒战役纪念碑，"废墟墙"浮雕景墙之二
图110 斯大林格勒战役纪念碑，"废墟墙"浮雕景墙之三
图111 斯大林格勒战役纪念碑，"废墟墙"浮雕景墙之四
图112 斯大林格勒战役纪念碑，"废墟墙"浮雕景墙之五
图113 俄罗斯人有着极强的国防观念，这和艺术综合体的建设不无关系。斯大林格勒战役纪念碑入口右侧雕塑"几代人的纪念"

图114 布列斯特要塞纪念碑广场上的雕塑

与前苏联时期建造的纪念性艺术综合体相比,美国与西方一些笃信宗教国家的作品更多表现为以纪念碑为主体特征的建筑语言形式,采用的是较为抽象的形态语言。纪念性艺术综合体外部空间形态平和,静中求动,雕塑形态主体特征是自然主义的。纪念性主题的内容展现采用引喻象征的表现手法,侧重非战斗性场面描写,很少直接表现战争的残酷场面(见图115、图116)。前苏联时期,纪念性艺术综合体雕塑表现的主体人物是战斗英雄,而苏联解体后建造的莫斯科胜利广场的"方尖碑"主体雕塑由战斗英雄变成了神。高141.8米(象征卫国战争1418个战斗的日日夜夜)的三棱形的胜利女神纪念碑,碑身顶端的雕像是手拿着金光灿灿胜利桂冠的女神,她的两侧各有一个小天使吹着胜利的号角,纪念碑的下面,是神奇勇士格奥尔基手持长矛刺杀毒蛇的雕像,神在这里成为英雄的化身(见图117~图120)。

以上现象的产生与国家的经历、意识形态、宗教信仰不无关系,历史、宗教信仰、文化价值观方面的差异,也必然决定了表现形式和表现角度的不同。从社会学的角度看,纪念性艺术综合体的建造是和平年代代表国家利益与政府行为的国民教育活动。它绝不是出于物质上的需要,而是对隐含于背后的思想——深刻观念的最为完整的严肃表述。不同的历史时期,社会制度、政治信仰和哲学基础、生产力发展水平都是推动纪念性艺术综合体发展的重要因素。

图115 美国华盛顿的越战纪念碑,"三个战士"雕塑

图116 美国华盛顿的朝鲜战争纪念碑的雕塑

图117	图119
图118	图120

图117 前苏联（现位于白俄罗斯境内）的布列斯特要塞纪念碑，表现当年残酷战役场面的浮雕

图118 莫斯科胜利广场，"方尖碑"碑顶端手握金光灿灿胜利桂冠的女神雕像，她的两侧各有一个小天使吹着胜利的号角

图119 纪念碑的下面，是神奇勇士格奥尔基手持长矛刺杀毒蛇的雕像，神在这里成为英雄的化身

图120 胜利广场，卫国战争纪念馆屋面吹着胜利号角的女神雕塑

第六章
纪念性艺术综合体中的非物质要素

第一节 背景音乐与纪念性艺术综合体

纪念性艺术综合体仅有物质形态方面的要素还不够，还要有非物质形态的要素相辅。而音乐元素在其中是不可或缺的，它在煽情方面的作用是其他艺术形式所不可替代的，在纪念性艺术综合体展厅内外循环播放轻柔悲伤的背景音乐对强化主体及渲染气氛至关重要。

在音乐表现与运用方面，无论是以屠杀为主题的，还是以胜利为主题的纪念性艺术综合体，尽管它们都同类属纪念性艺术综合体，但由于其各自表述纪念与悼念主题对象的不同，因而对空间场景音乐的需求选择也就不同，不同纪念主题的空间场所具有不同的语言表述特征。纪念性艺术综合体中的背景音乐选择通常有两种方式：其一，为特定的纪念空间场所量身定做背景音乐；其二，在现有的符合特定纪念空间主题的音乐中去选择。

纪念性艺术综合体场景空间中背景音乐的选择并不是随意的，而是需要设计者精心思考、缜密设计。如：前苏联时期建造的斯大林格勒战役纪念碑，在其外部空间广场选择播放的是当年卫国战争时期歌曲《神圣的战争》（1941）；而在内部空间"军人荣誉厅"中选择播放的是《安魂曲》。前者极具排山倒海般的雄壮气势，有一种不可阻挡的巨大力量；而后者的音乐哀伤委婉催人泪下，乐曲深深表达了活着的人们对为祖国英勇牺牲的战士的悼念。在纪念性艺术综合体场景空间中，音乐的选择应根据序列空间纪念主题和特定的空间场景需要而定，乐曲的主题应与特定空间场景的纪念主题吻合一致。

在纪念性艺术综合体背景音乐的具体运用上，人们在纪念空间环境转换中所听到的音乐也可以是不同的，应根据特定空间场景与纪念主题选择背景音乐。如：斯大林格勒战役纪念碑的室外广场空间反复播放前苏联反法西斯卫国战争时期歌曲《神圣的战争》（1941）："起来，巨大的国家，作决死斗争，要消灭法西斯恶势力，消灭万恶匪群……"这首进行曲式、多声部合唱的《神圣的战争》把俄罗斯民族的勇敢和悲壮完美地糅合在一起。《神圣的战争》由前苏联卫国战争时期诗人瓦·列别杰夫库马契作词，作曲者是当年红旗歌舞团团长亚历山大罗夫。《神圣的战争》是当年响应伟大的卫国战争的第一首歌曲，它在前苏联歌曲编年史上占有极其重要的地位，被誉为苏联卫国战争时期音乐的纪念碑。在纪念性艺术综合体内部空间的"军人荣誉厅"或"纪念厅"一般要播放以"悼念"为主题曲调忧伤的音乐。如：在列宁格勒英勇保卫者纪念馆和斯大林格勒战役纪念碑的室内悼念厅中，背景音乐反复播放的是19世纪浪漫主义时期的代表人物、德国作曲家舒曼创作的《安魂曲》。

斯大林格勒战役纪念碑室内外空间环境，选择不同主题与不同曲调的背景音乐是空间纪念主题的需要。室外空间高亢、庄严、雄壮的进行曲与悼念厅中低沉、哀宛如泣的音乐，表现勇敢战斗冲锋向前的歌声与表现死难悲伤曲调的产生强烈对比，具有极其强烈的心灵震撼力和艺术感染力。

在中国，背景音乐在纪念场所的地位和作用一直未被重视，相当多数量的纪念性场所根本就没有背景音乐，有的即使有，也和场所的纪念主题毫不相干，风马牛不相及，而这一点在后来有了些改变。其中，比较成功的范例是南京雨花台烈士陵园纪念馆内部展览空间的背景音乐。南京雨花台烈士陵园纪念馆内部空间反复播放的音乐是当代中国作曲家吕其明先生作曲的《雨花祭》，乐曲催人泪下、煽情，极具感染力（吕其明先生作曲的《红旗颂》广为人知，一直作为红色经典久演不衰）。

不同国家的经历，不同的纪念主题对背景音乐有着不同的要求。纪念性艺术综合体背景音乐的运用，应依具体的空间环境和纪念主题而定，背景音乐的选择应符合空间的主题，应有利于空间气氛渲染和主体的表达。

比照其他艺术形式，音乐在特定场景中煽情方面的作用是不可替代的，无论是在斯大林格勒战役纪念碑艺术综合体"军人荣誉厅"中播放的《安魂曲》；还是在南京雨花台烈士陵园纪念馆中播放的《雨花祭》，它们都会让观者深深地体会到音乐所带来的心灵震撼，而这种刺激让你不可躲避，因为它已全部融进了承载特定纪念主题的空间环境。

第二节　卫兵换岗仪式与纪念性艺术综合体

在俄罗斯的纪念性艺术综合体悼念厅中设有专门的卫队负责对其进行守护，其中，有一项极具观赏意义的卫兵换岗仪式，它不仅仅是极具观赏的看点，而且它还有另外更深层的象征意义：即为长眠于此的先烈英雄们护卫守灵，它表达了今天活着的人对卫国阵亡捐躯英雄们的最崇高的致敬。

斯大林格勒战役纪念碑"军人荣誉厅"的换岗仪式，是诸多纪念性艺术综合体中最为突出的。斯大林格勒战役纪念碑"军人荣誉厅"中的换岗仪式极具表演水准和震撼力，整个换岗仪式的过程展示了军人的威武、神圣不可侵犯和必胜之师的精神风貌。人们在观看军人列队行进、换岗表演过程中，似乎感觉空气凝滞了，周围的一切显得是那样寂静，你似乎只能听到庄严的脚步声和换岗仪式过程中枪械发出的干净利落的声音（见图121~图125）。

图121 斯大林格勒战役纪念碑，军人荣誉厅中正在进行的卫兵换岗仪式之一

纪念性艺术综合体中的换岗仪式还会令人产生一种威严保护下的安全感，它代表着一种祭奠礼仪的高规格，而这种礼仪的高规格通常为开国领袖而绝非一般普通人所能拥有，如：众所周知的莫斯科红场列宁墓前的换岗仪式。换岗仪式一般都被安排在纪念性艺术综合体中的"军人荣誉厅"，而与之呼应的通常是一件写实风格的单体雕塑，如：在斯大林格勒战役纪念碑的军人荣誉厅中央竖立着一件手擎胜利火炬的雕塑。

图122 斯大林格勒战役纪念碑，军人荣誉厅中正在进行的卫兵换岗仪式之二

图123 斯大林格勒战役纪念碑,军人荣誉厅中正在进行的卫兵换岗仪式之三

图124 斯大林格勒战役纪念碑,军人荣誉厅中正在进行的卫兵换岗仪式之四

图125 斯大林格勒战役纪念碑,军人荣誉厅中正在进行的卫兵换岗仪式之五

第三节 管理与收费

纪念性艺术综合体服务定位应面向全体国民,肩负着进行国防教育和爱国主义教育的重任,对公众应免费开放,它是政府为国民提供的公益性的服务项目。

俄罗斯的纪念性艺术综合体外部空间环境对公众是免费开放的,国家有进行爱国主义教育的责任、义务,公众有接受爱国主义教育的权利。在俄罗斯的纪念性艺术综合体中,内部空间管理上一般情况下是不收费的,如果参观者需要拍照,则需要买照相票或摄像票,要交一定的照相费或摄像费。照相收费、摄像收费的票价各约30卢布。

在中国,纪念场所目前大多是实行收费的,进入纪念性艺术综合体要先行买票方可进入。在国内,以个人或家庭前去纪念性艺术综合体参观的很少,往往都是由各基层单位或团体组织前往,这与俄罗斯的纪念性艺术综合体游人如织的状况形成反差。这种过分注重经济利益而忽略社会效益的做法极不利于对民众的国防教育和爱国主义教育。

在纪念性艺术综合体日常管理上有一个经营定位和社会属性的问题,即要不要给国民免费提供爱国主义的纪念空间?谁来为此买单?部门利益如何去平衡等等一系列的深层问题。应该说纪念性场所的开放程度直接关系到国家形象和政府公信力。

由于长期对纪念空间采取开放式管理,在前苏联和今天的俄罗斯,新婚青年到艺术综合体去祭奠英烈已经成为婚礼仪式中的一项重要内容。崇尚英雄、祭拜先贤是流淌在俄罗斯人血液里的民族传统,这是前苏联和今日俄罗斯长期的国防教育和爱国主义教育的结果。

在中国,由于纪念性艺术综合体大都采取封闭式的收费管理,使得售票室和入口大门成为纪念序列空间中不可缺少的内容,过分追求经济利益的结果,自然也就对严肃的纪念环境气氛产生不可避免的纷扰,中国的纪念性艺术综合体在其入口所设立的售票处和入口大门对景观环境起到了严重的破坏作用(见图126、图127)。

从现实的情况分析看,由于入口大门和售票室的设置导致了对纪念空间场景中轴线有一个横切的破坏,不仅极大地影响了纪念空间环境的景深效果,而且局促零乱的空间过渡转换也不利于严肃的纪念主题心理导入。"九·一八"历史博物馆、辽沈战役纪念馆及南京

图126 天津的平津战役纪念馆入口右侧售票处　　图127 天津的平津战役纪念馆，入口售票处明示着门票价格

雨花台烈士陵园的入口和街路的关系都显得非常的局促。不仅如此，纪念性艺术综合体周边过多的商业建筑及设施对纪念环境的整体破坏也是非常严重的，这在南京雨花台烈士纪念馆表现得更为突出，入口处显得零乱无序。另外，在国内纪念馆区，车辆的随意进入也使得肃穆的纪念环境缺少了纪念的严肃性（见图128~图132）。

图128 南京雨花台烈士陵园中随意停放的车辆破坏了严肃的环境气氛

图129 淮海战役纪念馆北门，入口右侧的饭店与纪念主题环境格格不入

图130 "九·一八"历史博物馆位于中国沈阳望花南街与老瓜堡西路丁字路口，入口与城市干道的关系过于紧张。入口处的电线杆使景观轮廓形象的完整性受到影响

图131 辽宁锦州的辽沈战役纪念馆入口

图132 南京雨花台烈士陵园入口

第七章
国内外纪念性艺术综合体著名案例比较分析

第一节 前苏联及俄罗斯的纪念性艺术综合体

中国国内最早介绍前苏联的艺术综合体的是当时中国艺术研究院的李玉兰老师,其所著《苏联现代雕塑》中有部分章节涉及艺术综合体,《苏联现代雕塑》一书是我国以史学角度最早介绍纪念性艺术综合体作品的论著。除此之外,相关论著还有美术史论家奚敬之教授所著的《俄罗斯苏联美术史》和东南大学齐康先生所著的《纪念的凝思》。《俄罗斯苏联美术史》书中的部分章节涉及前苏联的纪念性艺术综合体。

一、斯大林格勒保卫战纪念碑

斯大林格勒战役纪念碑位于现今俄罗斯伏尔加格勒,伏尔加河畔的斯大林格勒战役纪念碑依山势而建。为了使得其纪念空间组织得合理而有序,纪念主题突出,在主入口的右侧设有一组大型现实主义表现手法的人物组群雕塑,它是斯大林格勒战役纪念主题的提示,临近入口有数个"方墩式"造型,上面镌刻着莫斯科、斯大林格勒、列宁格勒等当年卫国战争英雄的城市(见图133)。

在纪念性艺术综合体中,碑文是空间序列与情节线索不可或缺的重要内容。斯大林格勒战役纪念碑入口处的红色花岗石碑文上镌刻着:在过去的年代岁月里,这里造就了伟大的事业和伟大的人,也造就了伟大的胜利。在这里,我们将会看到的是一个新的世界,我们要以过去的光辉荣耀激励现在,我们要记住这些伟大的事情,燃起高涨的生活之火(见图134)。

斯大林格勒战役纪念碑的景区内,共设有三个以雕塑为主体的纪念主题广场,分别是"宁死不屈广场"、"英雄广场"和"忧伤母亲广场"。在上述三个以雕塑为主体的主题广场中,不仅有单体雕塑,也有组群浮雕。按空间序列,自下而上的"宁死不屈广场"、"英雄广场"和"忧伤母亲广场"三个广场之间的路面用花岗石石板台阶相连,石级的两侧是葱茏的塔松林。

进入斯大林格勒战役纪念碑景区沿中轴线拾级向上,首先看到的是"宁死不屈广场"。"宁死不屈广场"主体是一座高17米的手握自动步枪的苏联红军战士石雕,它就像一座坚不可摧的钢铁堡垒横卧在前,表现出英雄战士的英勇无畏、坚定与视死如归的气概(见图135)。

在通向"英雄广场"宽大台阶坡路的左右两侧是"废墟墙",其形似废墟的立面上被雕塑成残垣断壁的城市和人物形象,形象地再现了当年战场上敌我双方激战时的惨烈场景,"废墟墙"上还镌刻着当年的作战命令和保卫者的誓言。这里播放的背景音乐是前苏联"二战"时期最为著名和广为传唱的卫国战争歌曲《神圣的战争》,其间穿插枪弹的爆炸声、飞机俯冲的轰鸣尖叫呼啸声,仿佛是腥风血

图133 俄罗斯伏尔加格勒的斯大林格勒战役纪念碑入口

图134 斯大林格勒保卫战纪念碑入口处的红色花岗石碑文上镌刻着：在过去的年代岁月里，这里造就了伟大的事业和伟大的人，也造就了伟大的胜利

图135 进入斯大林格勒战役纪念碑景区，沿中轴线拾级向上首先看到的是"宁死不屈广场"

雨残酷战争场面的真实再现，当年"残酷的战场成为我们内心无法忘却的记忆"。移步向上，进入"英雄广场"。沿"祖国·母亲"雕塑坡地挡土墙下中轴线中央建有一个水池，在水池面向高地的右侧是六组人物雕塑，雕塑的内容表现了当年激烈战斗的瞬间。高地下的挡土墙壁被设计成为旗帜的形状，上面刻有人物浅浮雕并镌刻着"狂风吹拂着他们的面庞，但是他们始终昂首向前……"的词句。斯大林格勒战役纪念碑三个广场之间在纪念主题上是相互联系的，在具体情节内容上又相互独立，采用了现实主义特征倾向的叙事性表现手法。从"废墟墙"构图及多场景情节的处理看，显然是借用了电影艺术的表现手法（见图136～图143）。

图136 斯大林格勒战役纪念碑，英雄广场

图137 英雄广场悼念池畔系列组雕之一

图138 英雄广场悼念池畔系列组雕之二

图139 英雄广场悼念池畔系列组雕之三

图140 英雄广场悼念池畔系列组雕之四

图141 英雄广场悼念池畔系列组雕之五

图142 英雄广场悼念池畔系列组雕之六

图143 高地下的挡土墙壁被设计成旗帜的形状，上面刻有人物浅浮雕，并镌刻着："狂风吹拂着他们的面庞，但是他们始终昂首向前……"的词句

图139	图140	图141
图142	图143	

距"祖国·母亲"雕塑不到200米的坡地偏右一个角度,设有平面为圆形的"军人荣誉厅"。"军人荣誉厅"的入口设在高地下。在"军人荣誉厅"的圆弧形墙面以序列的红色花岗石饰面的锦旗装饰,上面镌刻并用金色镶嵌着的在战役中英勇牺牲的十多万烈士的姓名。在军人荣誉厅墙面的最上方,缎带装饰上镶嵌的金色文字是:"我们是普通的人,我们当中没有人生还,但是在神圣的祖国母亲面前,我们完成了爱国者的使命"。"军人荣誉厅"中央设有高达近6米的手擎火炬雕塑——长明火焰永不熄灭。厅内反复循环播放德国作曲家舒曼所作的《安魂曲》。从"军人荣誉厅"走出便是玛玛耶夫高地,高地的左侧是"忧伤母亲广场",与军人荣誉厅出口相对(见图144~图148)。

玛玛耶夫山冈最高处的斯大林格勒战役纪念碑的主体雕塑"祖国·母亲"高达104米。"祖国·母亲"雕塑身高52米,到手中宝

图144	图146
图145	

图144 高地下挡土墙右侧设有"军人荣誉厅"入口

图145 "军人荣誉厅"中央是手擎不息火炬的雕塑

图146 "军人荣誉厅"弧形坡道通向室外高地

剑的高度85米，加上基座，高度为104米，其材质为钢筋混凝土。[1]雕塑"祖国·母亲"手挥利剑身体前倾，极具动感，人物动态从不同的方向看影像关系都很好。由于剑身较宽及所处位置较高，会在气流的作用下发出很大的呼啸响声，设计者最终采取了在剑身上开出系列孔洞做法，从而有效地解决了由于气流作用带来的刺耳声响。不仅如此，为了减轻雕像自身重量并增加雕像的稳定性，加固技术处理上采取了在雕像内部加上横竖向隔板，形成40多个空心"暗房"，"暗房"内装有自动仪表，观察并记录着各种数据变化，其监控工作由莫斯科水利设计院承担负责。除此之外，为了雕像的永久坚固，修建安置有排除地下水的专门设备，在"祖国·母亲"雕像周围总计开有30多个水压孔，由专业的部门负责观测地下水位的变化，以便适时采取相应措施。[2]《斯大林格勒战役纪念碑》从最初提出设想、方案构思到施工完成，前后用了将近20年的时间。有评论家把它称之为"空间戏剧"，有序幕、高潮、结局、尾声（见图149～图156）。

图147 斯大林格勒战役纪念碑"军人荣誉厅"中顶棚装饰局部

图148 从"军人荣誉厅"走出便是玛玛耶夫高地，高地的左侧是"忧伤母亲广场"，与军人荣誉厅出口相对

图149 通向山顶的坡地上安放着卫国战争时期英雄城市的碑文

[1] 晨朋.20世纪俄苏美术[M].北京：文化艺术出版社，1997：250–251.　　[2] 晨朋.20世纪俄苏美术[M].北京：文化艺术出版社，1997：250.

图150 由于气流的作用,剑身会发出很响的声音,为了减弱声响,剑身的前端开出了很多圆孔

图151 高达104米高的"祖国·母亲"雕塑局部

图152 通向山顶的坡地草坪上安放着卫国战争时期英雄城市的碑文

图153 坡地草坪上卫国战争时期英雄城市的碑文

图154 | 图155
图156

图154 斯大林格勒战役纪念碑，高地下的苏军女战士雕塑之一

图155 斯大林格勒战役纪念碑，高地下的苏军女战士雕塑之二

图156 在高地上回望"英雄广场"

二、列宁格勒英勇保卫者纪念馆

列宁格勒英勇保卫者纪念馆是列宁格勒保卫战那段历史的记忆浓缩。伟大的卫国战争年代是列宁格勒无比英勇而又非常悲痛的历史时期,那场惨烈的、留下痛苦悲伤记忆的、历经900天围困磨难的列宁格勒已成为人民英勇无畏和热爱祖国的精神象征。900天围困的日日夜夜,每一天都记录着这个城市保卫者共同或是个人的命运,无论是军人还是平民,无论是战斗还是哀伤。每一个列宁格勒家庭都留下了自己对那场战争难忘的记忆,这场战争和饥饿更深深地铭刻在那场战争的亲历者和参加者的命运之中。为了纪念这一段可歌可泣的光辉历史,1963年,前苏联政府作出决定在该城建造纪念馆,以缅怀先烈、教育后代。为此,列宁格勒的人民踊跃捐款,筹集资金。1965年,确定了城市最南端的"胜利广场"为纪念馆建造的地点,第二年开始了第二轮征选工作,有数十名的艺术家应征创作。经过长达7年时间的准备,1973年,列宁格勒市苏维埃根据专家和人民的意见,最终选定了建筑师谢斯别朗斯基、卡缅斯基和雕塑家阿尼库申的方案。列宁格勒即今圣彼得堡的每一位市民对纪念馆都有着特殊的感情,纪念馆以其特有的极具震撼力的形式语言讲述了那段悲壮的光荣历史,记录了那场伟大战争,讲述了刻骨铭心的艰苦岁月经历。

列宁格勒英勇保卫者纪念馆位于现今俄罗斯圣彼得堡市"胜利广场",其主体纪念碑矗立在位于莫斯科和基辅公路的交叉点上,这里是城市最南端建筑群起点的中轴,其位置十分重要,是进入该城市的交通咽喉要道,是城市的景观节点(见图157)。

列宁格勒英勇保卫者纪念馆整体设计十分简练,结构大方严谨。纪念场所由纪念碑广场、露天中央下沉广场、纪念厅三个结构中心组成。基于"方尖碑"变体形式的纪念碑,面向出城方向的两侧各设有一组用青铜铸成的大型人物群雕。纪念广场两端设有进入设置在地下的"纪念馆"地下过街出入口,人们要进入列宁格勒英勇保卫者纪念馆广场需经过地下过街通道,交通流线的设计安排极具创意。在纪念馆面向市区方向入口上方,镌刻着诗人沃罗诺夫的诗句:"噢,石头们!像人们一样坚强吧!"(见图158、图159)。

图158 在纪念馆面向市区方向入口上方,镌刻着诗人沃罗诺夫的诗句:"噢,石头们!像人们一样坚强吧!"

图157 列宁格勒英勇保卫者纪念馆,位于现今俄罗斯圣彼得堡市"胜利广场",其主体纪念碑矗立在莫斯科和基辅公路的交叉点上

图159 地下过街通道入口可直达下沉广场

列宁格勒英勇保卫者纪念馆的纪念碑主体为48米高、以花岗石饰面的"方尖碑"。在纪念碑南侧立面上镌刻着"1941—1945"的日期。"方尖碑"基座旁是主题是"胜利者"的工人和士兵的群雕,象征前后方团结一心。主题为"封锁"的中央下沉广场设有环形带状墙壁浮雕,环形墙壁上布置的14盏火炬常年燃烧永不熄灭。形同撕裂般的浮雕墙开口象征突破围困的方向,浮雕墙开口两端分别设有"999日"、"999夜"的浮雕数字,它象征城市被封锁的时间,浮雕墙的开敞部分面向普尔科沃高地。出口两侧花岗石基石上矗立着士兵、飞行员、波罗的海舰队水兵、狙击手、游击队员、女铸工和防线建设者的雕塑形象(见图160~图165)。

图160 主题为"封锁"的中央下沉广场。环形墙壁上布置的14盏火炬常年燃烧永不熄灭。形同撕裂的浮雕墙开口象征突破围困的方向,浮雕墙开口两端"999日"、"999夜"的浮雕数字象征着城市被封锁的时间

图161 主题为"防御工作"的防线建设者雕塑形象

图162 波罗的海舰队水兵人物雕塑之一

图163 波罗的海舰队水兵人物雕塑之二

图164 游击队员、女铸工人物雕塑

图165 士兵人物雕塑

列宁格勒英勇保卫者纪念馆的纪念碑体后面是低于地平面、直径为40米的圆形中央下沉广场。在下沉广场中央设有一组以"封锁"为主题的雕塑,那场腥风血雨的战争的残酷和无尽折磨:狂轰滥炸、饥寒交迫还有痛苦和悲伤,在这里都得以浓缩再现。下沉广场中轴线的两端分别设有通向地下展览空间的出入口。下沉广场的立面均采用厚重的素混凝土现浇工艺,象征着封锁被粉碎。下沉广场空间反复播放忧伤哀婉的背景音乐,环境中笼罩着肃穆、庄严、忧伤、沉痛的气氛。下沉广场环形围合体上端设有浮雕和饰带的细部装饰,这里有列宁格勒获得勋章和旗帜及标志着城市功绩的铭文,不息的火炬象征着城市英勇无畏精神的不灭(见图166~图174)。

图166 狙击手人物雕塑

图167 列宁格勒英勇保卫者纪念馆的纪念碑体后面是低于地平面、直径为40米的圆形中央下沉广场

图168 列宁格勒英勇保卫者纪念馆,中央下沉广场面向市区方向的地面出口

图169 中央下沉广场中心主题为"封锁"的雕塑,那场战争的残酷和折磨在这里都得以体现:狂轰滥炸、饥寒交迫还有痛苦和悲伤

图170 主题为"封锁"的雕塑局部

图171	
图172	图173
图174	

图171 下沉广场环形围合体上端设有浮雕和饰带，这里有列宁格勒获得勋章和旗帜及标志着城市功绩的铭文之一

图172 下沉广场环形围合体上端设有浮雕和饰带，这里有列宁格勒获得勋章和旗帜及标志着城市功绩的铭文之二

图173 不息的火炬常年燃烧，有天然气管道直接铺设到位

图174 中央下沉广场局部之一

列宁格勒英勇保卫者纪念馆的下沉广场中央的青铜群雕,十分感人并富有表现力。雕塑由三个部分组成:左边是一位不屈的妇女的形象,双手托着在饥饿中死去的孩子的躯体;稍下方靠构图中央部分:一个母亲正怀抱着她的女儿,并力图用自己的身体来保护她,她的目光凝视着远方,渴望着救助;右边是红军战士扶起因饥饿而晕倒的妇女。这组雕塑别具匠心,立意新颖。雕塑创作者、雕塑家阿尼库申本人曾亲自参加了这场保卫战,作为那场战争亲历者,他对英雄的保卫者更怀有深情,加之其所具有的过人雕塑艺术才华,才能把那场伟大的历史事件和英雄人物形象刻画得如此洗练、生动而感人。

列宁格勒英勇保卫者纪念馆内部展厅的平面为环形,环中央下沉露天广场而建,位于地平面之下,占地1200多平方米。内部展厅墙面由深色大理石砌成,墙面上方设有的900个弹壳形状壁灯连成一线,象征着被围困的900个日日夜夜。在展厅的两端分别陈列着两幅高3.5米、宽10.5米的镶嵌壁画,作者是列宾美术学院油画系教授梅尔尼柯夫和他的学生伊·乌拉洛夫与尼·弗明。靠近展厅入口的一幅画题为《1941——围困》,画面主要以黑、金、白绘成,画面的中央部分是上前线的战士和送别的人群,左边是被围困的妇女和正在生产中的妇女形象,最右侧是前苏联时期的著名作曲家肖斯塔柯维奇正在谱写《列宁格勒英雄交响乐》的身影,整个画面深沉、严峻。在展厅临近出口处的一幅题为《胜利》的壁画,场景内容描写了向死难者致哀、庆祝胜利和向胜利者致敬的情景,色彩和人物的动势都处理得十分热烈辉煌。在纪念展厅中,陈列着许多战争期间保留下来的实物,其中,有在被围困时期用"锯木渣"做成的面包,也有在当年战争期间演奏用过的提琴。展厅内还定时放映记录列宁格勒保卫战的电影,使人们"触景生情",仿佛又重新回到了硝烟弥漫的战争年代(见图175~图182)。

在列宁格勒英勇保卫者纪念馆的场景中,无论是单体人物雕塑,还是序列人物组雕,其艺术质量都非常高,雕塑人物身高的适度提高恰到好处。列宁格勒英勇保卫者纪念馆的设计者:苏联人民建筑师卡门斯基、斯别朗斯基和列宾美术学院雕塑家、苏联人民艺术家阿依库申教授,均是那场战争的亲历者,他们可以更深切体会和感受到列宁格勒保卫者英勇无畏的崇高气概。

图175 中央下沉广场局部之二

图176 靠近展厅入口的一幅题为《1941——围困》镶嵌画

图177	图180
图178	图181
图179	图182

图177 展厅临近出口处的一幅题为《胜利》的镶嵌画
图178 展厅内墙角处列宁格勒围困英雄日志
图179 展厅内白色大理石碑墙镌写着金色的碑文
图180 展厅内碎石般的墙面与下沉广场的墙面手法相同
图181 展厅内的纪念碑墙
图182 地下展厅出口

三、莫斯科"胜利广场"

莫斯科的胜利广场,是1995年5月为纪念世界反法西斯战争胜利50周年而建。胜利广场位于莫斯科俯首山下,绿树环抱,风景优雅。主入口位于东侧,其身后就是"1812凯旋门"。胜利广场由建筑师波利扬斯基、布达耶夫、瓦瓦金,雕塑家采利捷利等共同合作完成(见图183、图184)。

莫斯科胜利广场长约数百米的广场西端,是高141.8米、剖断面三棱形的胜利女神纪念碑,象征伟大卫国战争1418个战斗的日日

图183 莫斯科胜利广场鸟瞰

图184 莫斯科胜利广场,纪念碑相对的另一端临近1812凯旋门

夜夜。胜利女神纪念碑碑身顶端的雕像是手拿着金光灿灿胜利花冠的女神，在女神的两侧各有一呈飞翔姿态的小天使吹着胜利的号角。三棱形纪念碑碑身的每个棱面上都用锻铜浮雕板饰面，浮雕内容表现了莫斯科、列宁格勒、斯大林格勒等12个英雄城市周围的战斗情景。在三棱形的胜利女神纪念碑的正立面下方，是神奇勇士格奥尔基手持长矛刺杀毒蛇的雕像（见图185～图192）。

图185 浮雕板表现了莫斯科等12个英雄城市周围的战斗情景（局部一）
图186 三棱形的碑身，每个棱面上用浮雕板表现了莫斯科等12个英雄城市周围的战斗情景（局部二）
图187 三棱形的碑身，每个棱面上用浮雕板表现了莫斯科等12个英雄城市周围的战斗情景（局部三）

图186	图185
	图187

图188 胜利女神纪念碑下的神奇勇士格奥尔基手持长矛刺杀毒蛇的雕像

图189 胜利广场纪念碑碑身环形浮雕带

图190 胜利女神纪念碑下的神奇勇士格奥尔基手持长矛刺杀毒蛇的雕像（正立面）

图191 从侧面看莫斯科胜利广场的胜利女神纪念碑

图192 从另一侧面看胜利女神纪念碑

胜利广场中轴线的右侧设有一组大型喷泉，在广场中轴线左侧设有总数为15个的旗帜形状锻铜饰面的记功柱，每3个记功柱为一组并对应一个年代，隐喻着那场历时5年的伟大卫国战争的艰苦岁月。记功柱柱头做成四面招展的荣誉旗帜，基座上镶有反映战役场景的圆形锻铜浮雕，浮雕下段的铜牌上分别铭刻了卫国战争期间苏联红军各方面军和舰队的名称及其司令员姓名。在序列记功柱的背后是金顶白墙的常胜圣格奥尔基大教堂（见图193～图208）。

图193 在广场左侧设有总数为15个的旗帜形状锻铜饰面记功柱，每3个记功柱为一组并对应一个年代，隐喻着那场历时5年的伟大卫国战争艰苦岁月
图194 柱础锻铜浮雕表现的是不同战斗场景之一
图195 柱础锻铜浮雕表现的是不同战斗场景之二

	图194
图193	图195

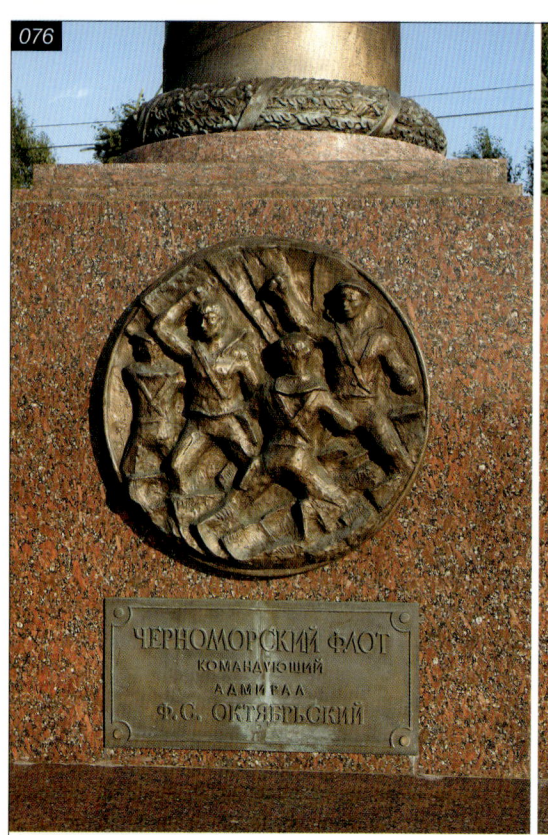

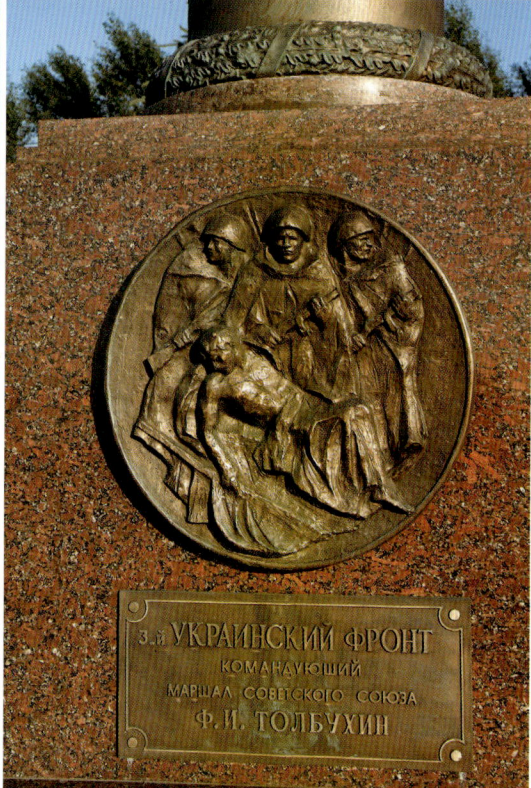

图196	图198
图197	图199

图196　柱础锻铜浮雕表现的是不同战斗场景之三

图197　柱础锻铜浮雕表现的是不同战斗场景之四

图198　柱础锻铜浮雕表现的是不同战斗场景之五

图199　柱础锻铜浮雕表现的是不同战斗场景之六

图200	图202
图201	图203

图200 柱础锻铜浮雕表现的是不同战斗场景之七

图201 柱础锻铜浮雕表现的是不同战斗场景之八

图202 柱础锻铜浮雕表现的是不同战斗场景之九

图203 柱础锻铜浮雕表现的是不同战斗场景之十

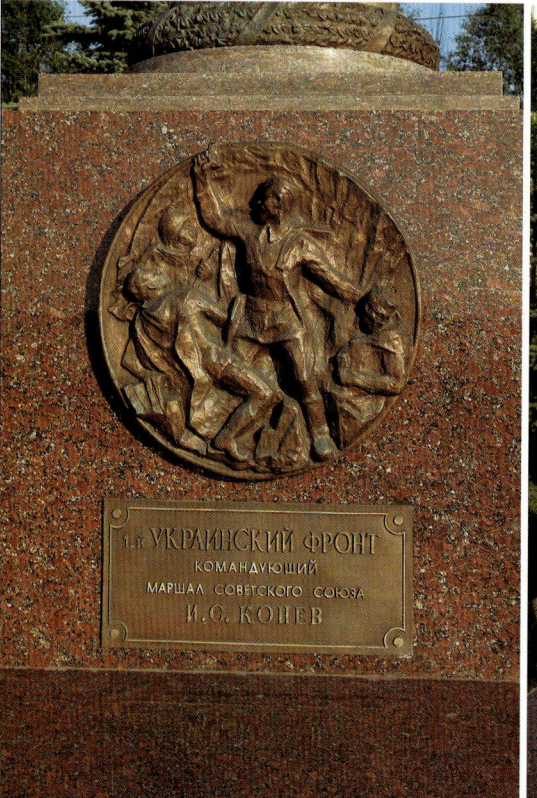

图204	图206	图207
图205	图208	

图204 柱础锻铜浮雕表现的是不同战斗场景之十一
图205 柱础锻铜浮雕表现的是不同战斗场景之十二
图206 柱础锻铜浮雕表现的是不同战斗场景之十三
图207 柱础锻铜浮雕表现的是不同战斗场景之十四
图208 柱础锻铜浮雕表现的是不同战斗场景之十五

在三棱形的"胜利女神纪念碑"后面，是一个平面为扇形的"卫国战争纪念馆"。卫国战争纪念馆屋面胜利女神骑马像与广场前面的胜利女神纪念碑顶端手擎金光灿灿胜利花冠的女神遥相呼应。纪念馆由"荣誉厅"、"纪念厅"、"近卫军厅"以及"全景画廊"等序列空间组成。纪念馆大厅内有6幅大圆立体画面，描绘了莫斯科保卫战、列宁格勒反围困战、斯大林格勒战役、攻克柏林。"荣誉厅"白色大理石的墙面上刻满了阵亡英雄的名字。在内部空间环境中还陈设有中国人民解放军和张万年上将赠送的礼品：一件象征中苏两国军人保卫和平的雕塑（见图209～图222）。

图209 俄罗斯卫国战争纪念馆，纪念厅主题雕塑

图210 纪念馆过廊顶棚水莲灯饰似群星璀璨与红色花岗石立体墙面

图211 纪念馆大厅楼梯踏步中间用雕塑分隔，象征卫国战争的胜利是以牺牲战士的躯体垒砌而成

| 图212 | 图214 |
| 图213 | 图215 |

图212 纪念馆光荣厅中主题雕塑侧立面
图213 二层悼念厅大门立面锻铜浮雕装饰
图214 光荣厅大门锻铜浮雕细部一
图215 光荣厅大门锻铜浮雕细部二

图216	
图217	图218
图219	

图216 纪念馆中全景画廊的全景画局部

图217 全景画廊一角

图218 战争遗留物的展陈很有表现力，嵌入粗大树木躯干的扭曲变形的金属构件，记述了那场战争的残酷

图219 "荣誉厅"白色大理石的墙面上刻满了阵亡英雄的名字

图220 "近卫军厅"沿墙一侧摆放着在战役中立过显赫战功的将军画像

图221 纪念馆展厅一角

图222 中国人民解放军张万年将军送给纪念馆的礼品"保卫和平"雕塑

作为纪念全苏伟大卫国战争胜利的综合性场所,胜利广场的"卫国战争纪念馆"后面设有一组大型雕塑和露天的展览场地。露天的展览场地陈设展示有战时使用过的各种火炮、坦克、飞机及舰艇等实物。胜利广场的"卫国战争纪念馆"后右侧还有一组表现牺牲遇难场景的大型人物群塑(见图223、图224)。

图223 卫国战争纪念馆后露天广场群雕

图224 卫国战争纪念馆后露天广场群雕(局部)

第二节　美国纪念性艺术综合体

如果把美国华盛顿的越战纪念碑与前苏联时期建造的纪念性艺术综合体斯大林格勒战役纪念碑进行比照的话，两者在纪念的角度、表现的主题及外部空间形态和选址上都有着很大的区别。前苏联时期建造的纪念性艺术综合体，选址多是在当年战役发生地点；而美国由于不是本土作战，自然也就无法选择在事件的发生地。

一、越战纪念碑

越战纪念碑全称为"越南退伍军人纪念碑"（Vietnam Veterans Memorial），位于美国首都华盛顿"林肯纪念堂"的东北。纪念碑是一个平卧的V形，两翼的夹角是120度12分，分别指向林肯纪念堂和华盛顿纪念碑。整个建筑在地平线以下，两边分别由长度为75米的黑色大理石碑墙组成，中间最深处为三米高，两边平缓地逐渐向上升，最边缘约20厘米深，越战纪念碑也被称为"越战墙"（见图225）。

该纪念碑通过设计竞赛的方式征集方案，由8位国际知名的艺术家和建筑大师组成评审委员会，通过投票选出最佳设计。1981年5月1日，在多达1421件应征作品中，耶鲁大学建筑系四年级华裔学生林璎的被登记为1026号设计获首选。林璎的作品获选后，设计便面临众多争议，由于她是华裔，受到种族主义分子和很多越战老兵的

图225 纪念碑是一个平卧的V形，两翼的夹角是120度12分，分别指向林肯纪念堂和华盛顿纪念碑。整个建筑在地平线以下，两边分别由长度为75米的黑色大理石碑墙组成

图226 美国华盛顿的朝鲜战争纪念碑雕塑

图227 前苏联的斯大林格勒战役纪念碑，宁死不屈广场

恶言恶语及国会议员的干涉抵制，他们从政治上施加压力，要求评审委员会更改原设计。在重新组织评审团后，第二次评审结果林璎的设计仍获得第一名。委员会为慎重起见，在重新审阅了林璎的作品之后仍然觉得是一个佳作，便拒绝了退伍军人的要求。如何纪念一场没有取得胜利的战争，如何尊重国内的反战情绪，真正需要纪念的是什么？争议的内容远远超越设计本身。有人当面质问林璎：你的真正用意到底什么？那是什么东西，简直是对越战当事人的侮辱，就像是一个伤疤，黑色的，沉在地下的……

越战纪念碑由一块极具简洁巨大的黑色名录墙构成纪念碑主体，它与临近"方尖碑"形式的林肯纪念碑、朝鲜战争纪念碑（建筑师库珀·莱基）、罗斯福纪念公园等一系列纪念性场所，合并构成了一个相互紧密联系、表述美国历史的纪念性艺术综合体群。

越战纪念碑阴森的黑色磨光花岗石饰面的纪念碑墙光滑如镜，明可鉴人，上面镌刻着58132名自1959年至1975年间在越南战争中死去的美军士兵和失踪者的名字，每个字母高1.34厘米，深0.09厘米。碑体上镌刻的名字并没有按惯例以字母排列顺序，而是采取了按士兵死亡的年代顺序排列的方法，以此隐喻象征着那场以很多美国年轻人生命为代价的战争进程，表达解读了那场毫无任何意义并备受世人指责的战争结束后，美国民众的精神失落与空虚情绪。[1]

越战纪念碑空间环境中，原本是没有雕塑的，只是后来为了调和强烈的反对声音，也是为了让这样一个天才的、杰出的作品能够问世，评审委员会最后同意了在纪念碑附近再建一个"三个战士铜塑"以及一面美国国旗。

二、朝鲜战争纪念碑

朝鲜战争纪念碑位于华盛顿波托马克公园内，与林肯纪念堂相邻。纪念碑采取了纪念墙与雕塑结合的表现形式。面向黑色碑体的一侧是一组神情各异的、总计19个人美军巡逻队士兵的系列单体不锈钢雕塑。雕塑用写实的、近似于照相主义的手法生动地表现了那场深陷战争泥潭的美国士兵形象，身影迷茫不知所措，没有目标、没有张扬的动态，灰色的雕塑材质更加渲染突出了凝重的气氛，令人回味反思。黑色碑墙上以浅浅的影雕手法刻画了许多士兵形象，这些形象不仅写实，而且是真实的。因为所有这些都是根据当年朝鲜战争新闻照片中美军各个兵种的无名士兵的真实记录，临摹刻摹的。[2]

无论是越战纪念碑还是朝鲜战争纪念碑，两者从题材表现内容到表现形式都明显感受到纪念中的反思。在纪念性艺术综合体的外部空间形态上，前苏联时期的作品大都有着明显的视觉冲击力、张扬的人物动态，而美国的作品则表现为较内敛抽象含蓄，少有前苏联纪念性艺术综合体宏大规模和恢弘的气势（见图226、图227）。[3]

---

[1] (英)埃德温·希思科特.纪念性建筑[M].大连理工大学出版社, 2002: 142-143.
[2] 孙成仁.城市景观设计[M].哈尔滨: 黑龙江科学技术出版社, 1999: 150-151.
[3] 孙成仁.城市景观设计[M].哈尔滨: 黑龙江科学技术出版社, 1999: 152-153.

第三节 中国纪念性艺术综合体

在中国，纪念性艺术综合体起步较晚，设计水平以及建造规模都与前苏联和欧美有着较大的差距，初期明显受前苏联的影响，其具体表现为：写实主义风格的人物雕塑在综合体内是不可或缺的重要内容。如沈阳的"九·一八"历史博物馆、锦州的辽沈战役纪念馆（1988）、南京雨花台烈士纪念馆、苏中七战七捷纪念碑、南京大屠杀遇难同胞纪念馆、平津战役纪念馆与进入21世纪后新扩建的南京大屠杀遇难同胞纪念馆和淮海战役纪念馆等。

一、"九·一八"历史博物馆

"九·一八"历史博物馆位于中国沈阳市望花南街与老瓜堡西路丁字路口，"九·一八"历史博物馆入口的前方偏左是"残历碑"，"残历碑"更像雕塑式的建筑，形同一本打开的布满弹痕的日历，时间停顿在1932年9月18日，内部为陈列展示空间。"残历碑"的设计者是鲁迅美术学院雕塑系著名雕塑家贺中令教授。从主入口位置方向看"九·一八"历史博物馆，位于"残历碑"的后面是一块狭长的地段，左侧是京哈铁路线，右侧则是城市干道。面对狭长用地给设计带来的不利条件，作者首先对原有的"残历碑"持以尊重的态度，并以此作为规划设计的重要构思（见图228）。

图228 "残历碑"更像雕塑式的建筑，形同一本打开的日历布满弹痕，时间停顿在1932年9月18日

从主入口到博物馆的交通流线被设计成S形，S形作为一种隐喻，象征国家的灾难和曲折的经历，是从"残历碑"到博物馆的历史时空连线，是外部序列空间承转的重要程序。在"残历碑"前，安放着当年日军篡改事变真相的"炸弹纪念碑"，而今它成为历史的见证。在"残历碑"前左侧还立有一件上刻"勿忘国耻"字样的"警世钟"（见图229～图233）。

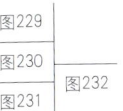

图229 从主入口到博物馆的交通流线被设计成S形，象征国家的灾难和曲折的经历，其是从"残历碑"到博物馆的历史时空连线，是外部序列空间承转的重要程序
图230 从主入口位置方向看，"九·一八"历史博物馆位于"残历碑"的后面，是一块狭长的地段
图231 "九·一八"历史博物馆入口前方偏左的一个角度是"残历碑"
图232 纪念馆"残历碑"前左侧带有"勿忘国耻"字样的"警世钟"（局部）

纪念馆区外部空间与铁路的界面是以围墙来分隔，临近铁路一侧的围墙兼有围合空间和有效阻挡来自铁路方向过往机车噪声的功能。由于博物馆建筑所处铁路与城市交通主干道，噪声是设计者不得不考虑的非常重要的因素，因此建筑面向城市交通干道的立面被设计成交互倾斜的坡面，有效减弱了噪声的干扰。除此之外，在馆区周边种植一定数量的树木，对来自城市干道方向的噪声也起到了适当的减弱效果（见图234、图235）。

图233 在写有"九·一八"历史博物馆字样的大墙后面是京哈铁路

图234 博物馆建筑临近铁路与城市交通主干道，因此，建筑向城市交通干道的立面被设计成交互倾斜的坡面，以减弱噪声的干扰，通过在馆区周边种植一定数量的树木也起到了适当减弱噪声的效果

图235 南向主墙面设有高浮雕，其轮廓形同东北三省地图，粗犷抽象，好似黑沉沉的乌云

"九·一八"历史博物馆南向主墙面长54米、高14米，主墙右侧转折与地面形成的夹角和"残历碑"侧轮廓线与地面的夹角相同，充分体现了对原碑的尊重。

为更好地营造环境气氛，增加视觉上的冲击力，在"九·一八"历史博物馆的墙面上设置了大型浮雕。南向主墙面的高浮雕，其轮廓形同东北三省地图，轮廓形象粗犷抽象，好似黑沉沉的乌云。在呈不规则起伏的形体上面可以隐约看出数组人物构成的场景画面，象征东北同胞的历史劫难和奋力抗争。在东侧墙面，有一组反映中国人民英勇抗争外敌入侵的高浮雕。雕塑设计由中国沈阳鲁迅美术学院雕塑系教授霍波阳主持（见图236～图240）。[1]

	图238
图236	图239
图237	图240

图236 东侧墙面有一组反映中国人民英勇抗争外敌入侵的高浮雕，图为高浮雕（局部一）
图237 反映中国人民英勇抗争外敌入侵的高浮雕，图为高浮雕（局部二）
图238 反映中国人民英勇抗争外敌入侵的高浮雕，图为高浮雕（局部三）
图239 反映中国人民英勇抗争外敌入侵的高浮雕，图为高浮雕（局部四）
图240 反映中国人民英勇抗争外敌入侵的高浮雕，图为高浮雕（局部五）

[1] 齐康.九·一八历史博物馆[M].沈阳：辽宁科学技术出版社，2001：6-12.

展览的内部空间由入口、序厅、陈列厅、结束厅共四个部分组成，展览空间流线的组织将上述序列空间有序地连接起来，富于流动性。为了突出纪念主题，与纪念主题协调一致，在入口的处理上采用了看似只经简单加工处理的粗砾石料。入口大门立面的室外部分采用钢板材料，并在门的局部边框采用装饰大钉，给人一种牢狱之门的思考。

序厅的平面呈不等边方形，面积约350平方米。序厅的空间照明以隐蔽光源间接照明为主，墙面为长方形的花岗石石板饰面，嵌入墙面的白色理石山形浮雕起伏跌宕，序厅的地面采用黑色花岗石石材，墙面的白山在光洁平整的黑色花岗石映衬下浑然一体，给人一种白山黑水的联想，象征祖国东北的壮丽山河。在近于地面的中心部分设有金字塔形的纪念碑，金字塔的顶部为红色发光体，给人一种火的联想，象征抗日的烽火不可熄灭。纪念碑下半部的石材饰面上铭刻着："这是一个永远凝刻在中国人民心中的日子，这一天，日本侵略者悍然发动了九·一八事变。此后的14年，日本侵略者在中国犯下了种种战争罪行。几千万中国人生灵涂炭，无数物质财富被疯狂掠夺，中华民族的尊严被肆意践踏。从这一天起，中国人民反抗日本侵略者的烈火燃遍华夏大地。无数中国人用热血和生命谱写出感天动地的抗日之歌。1931年9月18日是中华民族的耻辱日，中国人民永远不会忘却……"[1]（见图241）

纪念馆陈列厅中设有主题为"进行曲"的乐谱手稿和人物浮雕墙面、记述矿工苦难生活的主题雕塑"矿工血泪"，结束厅中陈列的雕塑表现的是一对善良的中国夫妻手牵着一个战争遗孤——日本男孩的内容（见图242～图244）。

图241 序厅中嵌入墙面的白色大理石山形浮雕起伏跌宕，墙面的白山在光洁平整的黑色花岗石映衬下浑然一体，给人以一种白山黑水的联想，象征祖国东北的壮丽山河

图242 纪念馆陈列厅中的主题雕塑"矿工血泪"局部

图243 一层序厅通往地下一层陈列厅的楼梯间

[1] 齐康.九·一八历史博物馆[M].沈阳：辽宁科学技术出版社，2001：13.

在"残历碑"后的广场通道结束处,也就是从展厅的出口到广场的出口必经之地,设有一座碑体高度为28米的"Y"纪念碑,"Y"纪念碑与展区的外部空间通道同在一轴线上,为对景关系,"Y"纪念碑形同向上伸展的双臂,象征这场抗争的胜利结束(见图245)。

二、侵华日军南京大屠杀遇难同胞纪念馆

侵华日军南京大屠杀遇难同胞纪念馆始建于1985年,是我国第一座抗战史系列专题纪念馆。随着纪念馆在国内外影响的不断扩大,原有场地规模、设施及展示陈列已无法满足所承担任务的需要(见图246)。

图244	
图245	图246

图244 纪念馆结束厅中陈列的雕塑,雕塑表现的是:一对善良的中国夫妻手牵着一个战争遗孤日本男孩的内容

图245 "Y"纪念碑,"Y"纪念碑与展区的外部空间通道在同一轴线上,为对景关系,"Y"纪念碑形同向上伸展的双臂,象征这场抗争的胜利结束

图246 侵华日军南京大屠杀遇害同胞纪念馆,旧馆由东南大学建筑学院齐康教授设计。图为旧馆南侧入口

侵华日军南京大屠杀遇难同胞纪念馆新扩建工程总占地面积约7.32公顷，是在原有纪念馆东西两侧进行的扩建。新馆的总体设计构思以战争、杀戮、和平三个概念为线索，由东向西分别塑造相对应的"断刀"、"死亡之庭"、"和平之声"三个主题意境空间，改造后的纪念馆东区为新建展馆，中部为原旧馆区，西区为和平公园（见图247）。

侵华日军南京大屠杀遇难同胞纪念馆新建展馆共三层，其中地下二层、地上一层，新建展馆的阶梯式屋面与原旧馆广场共同组成了可容纳3万人同时集会的纪念广场。扩建工程充分尊重了旧馆简洁凝练的风格，做到了与旧馆肌理统一、序列统一、建筑语言统一。整个扩建工程由华南理工大学建筑设计研究院何镜堂院士主持设计，总建筑面积约2.3万平方米，概算总投资4.78亿元。2007年12月13日，侵华日军南京大屠杀遇害同胞纪念馆扩建后重新开馆。

侵华日军南京大屠杀遇害同胞纪念馆旧馆由东南大学建筑学院齐康教授设计。纪念场地南侧为城市干道，主入口位于场地南侧，进入纪念馆区便是开阔的纪念广场，场地内铺满灰色砾石，给人以灭绝的、寸草不生的荒凉感。面对入口方向矗立着巨大的黑色磨光花岗石饰面的纪念墙，上面题有白色醒目的"遇难者300000"的字样。作为装饰母题要素，"遇难者300000"的字样在纪念馆序列空间中反复出现，起到一种不断加强刺激感官的作用和震撼效果。在黑色花岗石纪念墙的右侧立有"和平大钟"，记住历史、祈祷和平是其纪念场所建造的真正目的和意义所在。纪念墙的运用显然是借鉴了林璎设计的、位于美国华盛顿的越战纪念碑"纪念墙"的表现手法(见图248)。

图247 侵华日军南京大屠杀遇害同胞纪念馆新馆远眺，在纪念馆东部拔地而起的高大"船头"内部是陈列展厅

图248 黑色磨光花岗石饰面纪念墙上书中英文对照：遇难者300000，遇难者300000字样作为母题符号在纪念馆序列空间中反复出现

在侵华日军南京大屠杀遇害同胞纪念馆旧馆区通向"尸骨陈列室"的道路两侧，依次设有17块纪念碑石，上面镌刻着17个埋藏地的纪事。"尸骨陈列室"在场地的较高处，陈列室前立有主题为《母亲》的雕塑，坡地上满铺卵石，其间散立着几根枯木，给人以悲凉荒芜之感[1]（见图249～图254）。

图249 旧馆区通向"尸骨陈列室"的道路两侧17块纪念碑石之一，汉中门外遇难同胞纪念碑石

图250 旧馆区通向"尸骨陈列室"的道路两侧17块纪念碑石之二，草鞋峡遇难同胞纪念碑石

图251 旧馆区通向"尸骨陈列室"的道路两侧17块纪念碑石之三，中山码头遇难同胞纪念碑石

图249	图250
图251	

[1] 齐康.纪念的凝思[M].北京：中国建筑工业出版社，1995：34—42.

图252 旧馆区通向"尸骨陈列室"的道路两侧17块纪念碑石之四，鱼雷营遇难同胞纪念碑石

图253 旧馆区通向"尸骨陈列室"的道路两侧17块纪念碑石之五，煤炭巷遇难同胞纪念碑石

图254 主题"母亲"雕塑室后面是"尸骨陈列室"

位于侵华日军南京大屠杀遇害同胞纪念馆东区的纪念馆新馆,其整体形状含有"和平之舟"的寓意。纪念馆东部拔地而起的高大船头内部是陈列展厅;而船尾一侧是开阔庄严肃穆的露天广场,满铺砾石的广场可容纳万人集会;广场的中部是原纪念馆的遗址悼念区。在纪念馆区的西端,大片林木葱茏的开阔景区是以"和平"为主题的纪念公园(图255~图257)。

图255 正前偏右是纪念馆的入口,纪念馆广场可容万人聚会
图256 在纪念馆区的西端大片林木葱茏的开阔景区是以"和平"为主题的纪念公园
图257 纪念馆西向出口面向和平公园

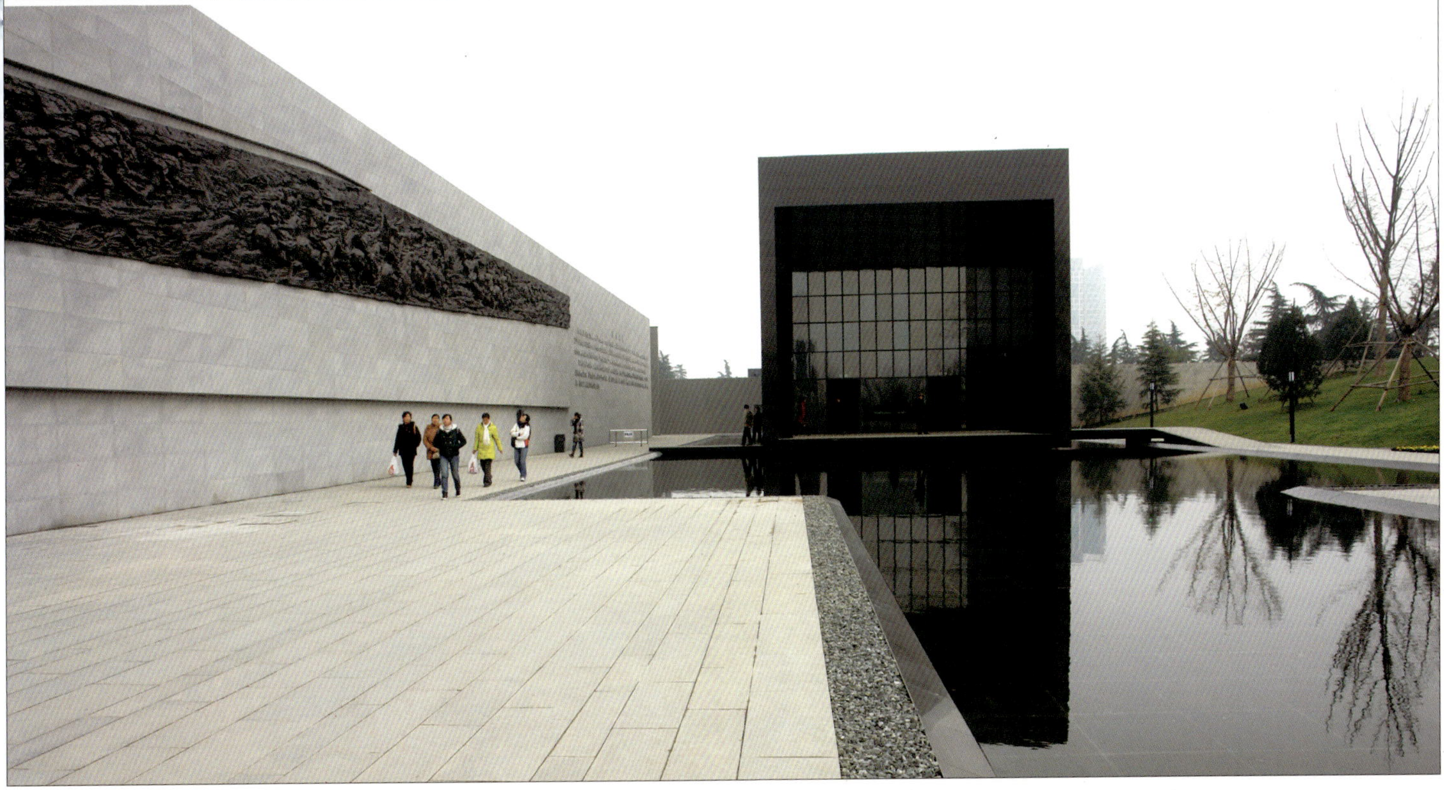

侵华日军南京大屠杀遇害同胞纪念馆外部空间环境的主题雕塑，分别由"家破人亡"及10组反映大屠杀事件过程的系列主题雕塑组成。纪念场所序列空间环境主体色调为灰色、黑色，色彩的运用与纪念主题相吻合，起到了很好的渲染悲情环境气氛的作用。在细部处理上，纪念馆新馆建筑立面以粗糙肌理的花岗石饰面，沉稳、凝重（见图258～图272）。

图258 侵华日军南京大屠杀遇害同胞纪念馆，外部空间环境的主题雕塑，由主体雕塑"家破人亡"及10组反映大屠杀事件过程的系列主题雕塑组成

图259 反映大屠杀事件过程的系列主题雕塑之一

图260 反映大屠杀事件过程的系列主题雕塑之二

图261 反映大屠杀事件过程的系列主题雕塑之三

	图264
图262	图265
图263	

图262 反映大屠杀事件过程的系列主题雕塑之四

图263 反映大屠杀事件过程的系列主题雕塑之五

图264 反映大屠杀事件过程的系列主题雕塑之六

图265 反映大屠杀事件过程的系列主题雕塑之七

图266	图267
图268	

图266 反映大屠杀事件过程的系列主题雕塑之八
图267 反映大屠杀事件过程的系列主题雕塑之九
图268 反映大屠杀事件过程的系列主题雕塑之十

图269 扩建后的侵华日军南京大屠杀遇害同胞纪念馆,主入口右侧设有主题"家破人亡"大型雕塑,材质为铸铜

图271 侵华日军南京大屠杀遇害同胞纪念馆,旧馆入口前《南京大屠杀被遗忘的二战浩劫》一书作者张纯如雕像

图270 侵华日军南京大屠杀遇害同胞纪念馆,旧馆前"见证人"雕塑

图272 纪念馆旧馆入口对面铜质诗碑——狂雪,作者王久辛

侵华日军南京大屠杀遇害同胞纪念馆室内展陈工程设计与施工由鲁迅美术学院艺术工程设计总公司承揽。在展陈设计方面，侵华日军南京大屠杀遇害同胞纪念馆与国内诸多的纪念馆相比，在空间场景气氛及视觉效果的营造上有很多独到之处。它不是一个通常意义上的带有悲情色彩的祭祀和悼念功能的建筑空间，而是深深铭刻着一个民族所曾遭受过的、那场惨绝人寰的世纪"大屠杀"灾难记忆的载体。侵华日军南京大屠杀遇害同胞纪念馆展陈工程的设计者，意图通过运用象征性的及艺术化的手法营造"大屠杀"主题场景空间，在"大屠杀"特定空间场景中视、听元素的综合运用起到了调动和支配参观者心绪的作用，有助于悲情的心理导入，突出渲染了悲情"大屠杀"的纪念主题（图273）。

侵华日军南京大屠杀遇害同胞纪念馆虽经改扩建，无论是场地面积还是艺术质量，总体上都有很大的改观，但该馆场地与城市交通干道的关系仍未得到解决。纪念场地南侧主入口毗邻城市交通干道，纪念场地与交通干道距离过近，使得心理准备空间不足，过往车辆所带来的嘈杂喧闹声对严肃的纪念场地带来严重干扰，也对纪念场地的景观轮廓形象产生了极大的破坏，使其应有的严肃性、纪念性被大大削弱（见图274）。

图273　侵华日军南京大屠杀遇害同胞纪念馆，展陈工程设计者意图通过运用象征性的及艺术化的手法营造带有悲情色彩的"大屠杀"主题空间场景

图274　纪念场地南侧主入口毗邻城市交通干道，纪念场地与交通干道距离过近

三、辽沈战役纪念馆

辽沈战役纪念馆始建于1959年，1988年建成新馆，2004年经改陈改造使之成为融教育、博览、旅游、休憩于一体的大型历史文化主题公园。

辽沈战役纪念馆坐落在辽宁省锦州市城区，占地面积近18万平方米，主体纪念馆建筑面积8600平方米。纪念馆区南北贯通，地势南低、北高。纪念馆区由南至北沿中轴线依次布置入口、纪念塔、纪念馆三个主体建筑，是一个军事主题的纪念场所。辽沈战役纪念馆的设计者是中国著名的建筑设计大师戴念慈先生。

辽沈战役纪念馆主入口平面呈V字形，V是英文"胜利"一词的缩写，其寓意为胜利。在辽沈战役纪念馆主轴线两侧设有"东北解放战争烈士名录墙"。在跨街天桥即"提升广场"靠近两侧护栏处设置了10块系列"解放战争纪念徽章"，为花岗石材质的浮雕装饰。"提升广场"中间地带由透明玻璃与5块花岗石材质的五角星装饰图案浮雕相间组成。"提升广场"设计处理的立意构思十分巧妙，它把南区和北区以象征"光荣"的纪念景观连接过渡为一个有机的整体。在位于纪念主轴线上的高16米"辽沈战役纪念塔"的顶端，立有高6米的大型解放军人物雕塑，纪念塔碑座的一侧是表现"攻克锦州"，而另一侧是表现"辽西会战"——"辽沈战役"战斗场景的浮雕（见图275～图291）。

图275 纪念馆入口平面呈V字形，寓意胜利

图276 在跨街天桥即"提升广场"靠近两侧护栏处设置了10块系列"解放战争纪念徽章"花岗石材质的浮雕装饰

图277 "提升广场"中间地带由透明玻璃与5块花岗石材质的五角星装饰图案浮雕相间组成

图278	图281
图279	图282
图280	

图278 天桥两侧的设有系列解放战争纪念徽章建筑装饰系列之一

图279 天桥两侧的设有系列解放战争纪念徽章建筑装饰系列之二

图280 天桥两侧的设有系列解放战争纪念徽章建筑装饰系列之三

图281 天桥两侧的设有系列解放战争纪念徽章建筑装饰系列之四

图282 天桥两侧的设有系列解放战争纪念徽章建筑装饰系列之五

图283	图285
图284	图286
	图287

图283 天桥两侧的设有系列解放战争纪念徽章建筑装饰系列之六

图284 天桥两侧的设有系列解放战争纪念徽章建筑装饰系列之七

图285 天桥两侧的设有系列解放战争纪念徽章建筑装饰系列之八

图286 天桥两侧的设有系列解放战争纪念徽章建筑装饰系列之九

图287 天桥两侧的设有系列解放战争纪念徽章建筑装饰系列之十

	图290
图288	图291
图289	

图288 辽沈战役纪念馆，纪念塔主体雕塑

图289 辽沈战役纪念馆，纪念塔侧立面

图290 辽沈战役纪念馆，纪念塔底部表现当年战役场面的浮雕之一

图291 辽沈战役纪念馆，纪念塔底部浮雕之二

作为形式母题和象征寓意的符号，纪念塔与纪念馆之间的广场地面中轴线上的三颗花岗石雕饰的五角星，代表着东北解放战争的3年历程。在纪念馆入口前两侧花岗石台座上，陈列有当年战役中曾经使用过的火炮。通过纪念主轴上系列的建筑装饰、雕塑艺术及展陈布置的手法，营造出以"辽沈战役"为纪念主题的空间环境。通过中轴线紧扣纪念主题，对入口、纪念碑、纪念馆3个单体建筑空间环境分别赋予胜利——和平——怀念的主题内涵，是对英雄主义的纪念与颂扬，也是对那场中国解放战争的关键一役最终取得胜利的最好图解与诠释（见图292、图293）。

图292　在纪念塔与纪念馆之间的广场地面中轴线上，3颗花岗石雕饰的五角星代表着东北解放战争的3年历程

图293　在纪念馆入口前两侧花岗石台座上陈列有当年战役中曾经使用过的火炮

在辽沈战役纪念馆内外空间环境中,形式母题及装饰元素在序列空间反复出现。纪念馆序厅顶棚的五角星图案藻井与外部空间中间地带的五角星相呼应。序厅两侧的影壁碑墙以暗红色的花岗石嵌入,上面的荣誉徽章浮雕图案是天桥两侧徽章建筑装饰图案的继续,起着渲染强化主题的作用。序厅两侧的影壁碑墙背后是宽2.4米的通道,左侧的影壁墙背后通道连接战史馆展厅,右侧的影壁墙背后通道连接出口,并将洗手间非常巧妙地遮挡住。这样的流线处理安排可以使得序厅的人流组织有序互不干扰,避免了参观者由于折线往返而带来的嘈杂混乱(见图294~图296)。

图294	图296
图295	

图294 序厅碑墙上面的荣誉徽章浮雕图案是天桥两侧徽章建筑装饰图案的继续,起着渲染强化主题的作用

图295 影壁碑墙背后是宽2.4米的通道

图296 序厅中的影壁碑墙背后是2.4米宽的通道

纪念馆内部空间设有序厅与战史馆、支前馆、英烈馆和全景画馆共四个专题馆。内部空间陈列了丰富的历史文物、资料，全面展示了辽沈战役胜利的历史进程。序厅中面对入口方向的是主题为"突破"的雕塑。"突破"雕塑的内容表现了英勇无畏的人民解放军突破城墙的战斗场景。自序厅的入口至"突破"雕塑的地面中央铺有带状米黄色大理石，象征着胜利走过的光荣与辉煌历程（见图297～图304）。

图297	图299
图298	图300

图297 序厅面对入口方向主题为"突破"的雕塑，表现了英勇无畏的人民解放军突破城墙的战斗场景
图298 序厅中"突破"雕塑局部
图299 战史馆通往地下展厅支前馆的之字形坡道
图300 支前馆入口

图301 支前馆入口处浮雕

图302 展厅展陈有当年参战部队荣获的荣誉军旗

图303 英烈馆

图304 展厅中陈列有烈士塑像

另外,特别值得一提的是辽沈战役纪念馆内的全景画馆。在全景画馆中,题为《攻克锦州》(长122.4米,宽16.1米)的全景画由鲁迅美术学院油画系集体创作设计,全景画馆内部空间融绘画、山地场景模型、灯光、音响等多种艺术形式于一体,生动再现了辽沈战役中关键一战——攻克锦州的壮观战斗场景,辽沈战役纪念馆是中国最早运用全景画形式的纪念馆。除此之外,利用幻影成像、多媒体投影、场景复原制作的《辽西会战》多媒体情景剧等也都是在国内首开先河[1](见图305、图306)。

辽沈战役纪念馆主入口位于锦州市湖北路与云仙街丁字路口,其入口大门空间形态处理上具有很强的视觉冲击力,但遗憾的是纪念馆主入口与路口的关系显得过于局促。另外,在纪念馆外部空

图305 全景画馆中表现当年战役的全景画(局部)

图306 进入全景画馆的弧形阶梯

[1] 赵金波.辽沈战役纪念馆[M].锦州:辽沈战役纪念馆,2006:1—30.

间景区背景音乐的处理上,给人的感觉多少有些莫名其妙,笔者前去调研时,刚好正在播放《好日子》乐曲,显得和周围肃穆的纪念环境极不协调,非纪念主题的音乐曲调大大削弱、破坏了空间环境纪念主题的表现。

四、平津战役纪念馆

平津战役纪念馆位于天津,于1997年7月23日建成开馆,占地47000平方米。纪念馆由入口胜利门、胜利纪念碑为主体的纪念广场、主展馆三个部分沿中轴线依次排列组成。平津战役纪念馆主体建筑既有中国传统韵味,又富有鲜明的时代感,建筑面积12800平方米。在平津战役纪念馆前区,形似斗栱造型的展馆立面采用了暖灰色花岗石饰面,古朴庄重;后区是金属材料构成的巨大银灰色半球形穹顶。在纪念馆入口处的花岗石饰面的门楣上,镶嵌着聂荣臻元帅亲笔题写的"平津战役纪念馆"七个金色大字(见图307~图313)。

	图307	
	图308	图309

图307 纪念馆由入口胜利门、胜利纪念碑为主体的纪念广场、主展馆三个部分沿中轴线依次排列组成

图308 纪念馆入口处纪念柱解放军战士形象雕塑

图309 纪念馆入口胜利门右侧浮雕墙

图310	
图311	图313
图312	

图310 纪念馆纪念广场右侧大型人物雕塑，总体上看，群雕构图松散，人物之间缺少相互联系

图311 平津战役纪念馆雕

图312 纪念馆纪念广场右侧大型人物雕塑（局部）

图313 胜利纪念碑的底座与带五星装饰的三棱形金属碑身

平津战役纪念馆内部空间由序厅、战役决策厅、战役实施厅、人民支前厅、伟大胜利厅、英烈业绩厅、多维演示馆等系列空间组成。在平津战役纪念馆序厅中央，设有一组主题人物雕塑（铸铜），雕塑内容表现了毛泽东、刘少奇、朱德、周恩来、任弼时等五位中国共产党领袖的风采；正对入口环形墙壁的大型壁画画面表现了中国人民解放军东北、华北两大战区军民浴血奋战、最终夺取战役胜利的宏伟壮观场面（见图314）。

在平津战役纪念馆中，序厅、战役决策厅、战役实施厅、人民支前厅、伟大胜利厅、英烈业绩厅在叙事情节线索之间是相互紧密关联的，其展陈多以历史照片和当年战役遗物并辅以绘画和雕塑的综合形式体现。在英烈业绩厅中陈列有中国共产党和中国国家领导人毛泽东、邓小平、江泽民和其他领导同志的题词；展陈介绍了平津战役中牺牲的32位著名烈士和团以上干部、26位战斗英雄、109个英模群体的事迹；英模群体荣获的27面锦旗和为数众多的奖章、证书和英烈所用物品。英烈业绩厅的"英烈名录墙"上，镌刻着在平津战役中英勇牺牲的6639名烈士的姓名和391名佚名烈士。英烈业绩厅中主题为"前赴后继"的人物雕塑，寄托了对英烈的深深怀念之情（见图315～图318）。

图314 平津战役纪念馆序厅中央，主题雕塑（铸铜）表现了毛泽东和刘少奇、朱德、周恩来、任弼时等五位中国共产党领袖的风采。正对入口环形墙壁的大型壁画反映了东北、华北两大战区军民浴血奋战、夺取战役胜利的场景

图315 纪念馆中战役决策厅一角

图316 纪念馆中英烈业绩厅主题雕塑"前赴后继"

图317 纪念馆伟大胜利厅一角

图318 纪念馆一层至二层过渡空间，自动扶梯带有商业空间特征，与纪念主题不相宜

五、淮海战役纪念馆

淮海战役纪念馆位于江苏省徐州市南郊凤凰山东麓，1959年4月4日由国务院决定在江苏徐州兴建，1960年4月5日奠基动工，于1965年10月1日建成开放。

淮海战役纪念馆总占地面积约77万平方米，共设有东、北、南方向3个出入口，淮海战役纪念馆由淮海战役烈士纪念塔、淮海战役纪念馆、总前委群雕、淮海战役碑林、国防园5大主体建筑构成序列空间。园内有青年湖、青年广场、中心花坛、粟裕将军骨灰撒放处和胡耀邦植树处等多处景点。纪念景区内的淮海战役烈士纪念塔与东门在同一轴线上，成对景关系；另一入口北门与纪念馆在同一轴线上，成对景关系（见图319～图322）。

图320 淮海战役烈士纪念塔，高38.15米，与纪念馆东门成对景关系

图321 纪念塔塔座大型浮雕（局部）

图322 纪念塔下围廊墙面镌刻着中国共产党及中国国家领导人的题词和3万多名烈士的名录。还刻绘着表现战役战斗场面的大型壁画

图319 淮海战役纪念馆东门入口

淮海战役纪念馆内部空间由正厅、序厅、战役实施厅、人民支前厅、缅怀先烈厅组成序列空间，馆内在展陈布置上多采用展台、展架、展板等形式，共展出革命文物、历史照片两千多件，馆内面积2800平方米。从总体上看，纪念馆内部空间展陈形式过于陈旧，由于内部空间性格的纪念属性不强，导致室内空间环境感染力较弱（见图323）。

过多的入口削弱了淮海战役的纪念主题，交通流线组织较为散乱，各单体空间存在的距离上过远等因素使得整个景区纪念主题不确定、主体不确定。导致其纪念情绪的调动乏力，使得观者的纪念凝思之情难以集中。另外，东门——纪念馆——总前委群雕——碑林——纪念塔等序列空间之间，采用直线与90度角转折的流线组织也显得过于生硬。

六、雨花台烈士陵园

中国南京的雨花台烈士陵园坐落在南京城的中华门外，是全国最大的烈士陵园，纪念景区空间结构由"革命烈士就义群像"、"雨花台烈士纪念碑"及"雨花台烈士纪念馆"三大主体部分组成。陵园中序列空间纪念轴线以中轴为主线，自东南门为始点分别是：东南门——"思源池"——"烈士纪念馆"南广场——"烈士纪念馆"——"烈士纪念馆"北广场——纪念桥——"倒映池"——"烈士纪念碑"——"烈士就义群像"——北门（见图324、图325）。

图323 纪念馆内人民支前厅一角

图324 雨花石艺术节临时庆典用的装饰对纪念环境气氛产生了严重的破坏

图325 南京雨花台烈士纪念碑，纪念碑高42.3米，宽7米，厚5米。碑身正面镌刻着邓小平题写的"雨花台烈士纪念碑"。碑前立有革命志士青铜塑像

南京市的雨花台烈士陵园设有南、北方向两个入口，从空间结构交通流线安排组织上看显得较为混乱，因北门位于南京市的城市中心，考虑到城市交通便捷的原因，所以北门开在先，并在1979年，于陵园内"北殉难处"建成了"革命烈士就义群像"，群像由179块花岗石拼装而成，像高10.3米，宽14.3米。但随后的陵园规划改造设计被要求由南至北组织纪念场景的序列空间结构，因而使得原有设计合理的空间流线组织被破坏。不过，从现今的实际情况看，前来参观的人流仍以陵园北门入口方向为主，而自陵园南门入口方向进入陵园景区的参观者很少。其结果是：作为陵园中重要观赏点之一的"革命烈士就义群像"与同一轴线、同一纪念主题的其他两个主体被切断，导致参观路线连接不够顺畅，而且无论是从北门看，还是从南门看，在场景空间结构上三者之间似乎毫不相干（见图326）。

南京"雨花台烈士纪念碑"，碑高42.3米，宽7米，厚5米。在碑身的正面镌刻着邓小平题写的"雨花台烈士纪念碑"，纪念碑北向即背面为当代书法名家武中奇先生书写的碑文。在纪念碑设计细节的处理上，纪念碑碑身的四个边角被切削，形成了截面为八边形的纪念碑体，设计者寄希望以此加强并丰富纪念碑碑身的体量感。

纪念碑内部有垂直电梯直通碑顶以便工程维修。对纪念碑碑顶的设计，设计者设想其拥有多种的含义，纪念碑的碑顶造型像屋顶、像火炬，又像是旗。在纪念碑靠近顶端处有一外方内圆形建筑细部装饰，类同的建筑细部装饰符号在同一纪念轴线上的雨花台纪念馆建筑立面上也有，其装饰母题符号含有的象征寓意是"日月同辉"。[1]

纪念碑碑前的下方立有"革命志士"的青铜塑像，从雕塑的体量与轮廓形像上看显得很单薄，有些压不住。在高42.3米，宽7米的纪念碑正立面前放置一个单体的人物雕塑，其构图和形体的处理都是极为不宜的。而比照类似的案例做法是：列宁格勒英勇保卫者纪念碑前放置了一组主题为"胜利者"工人和士兵的主体雕塑，设计者在纪念碑前放置双人组合雕塑正是基于构图上和体量上的考虑，形象效果很好，具有显而易见的视觉上的冲击力。设想倘若列宁格勒英勇保卫者纪念碑前放置的是单人雕塑，其整体的视觉影像效果可想而知，相信一定会大打折扣的[2]（见图327）。

[1] 齐康.纪念的凝思[M].北京：中国建筑工业出版社，1995：19-30.
[2] 南京雨花台烈士陵园.雨花台[M].南京：江苏古籍出版社，2000：30-35.

图326 陵园内"革命烈士就义群像"，高10.3米，宽14.3米

图327 纪念碑碑前的下方立有"革命志士"的青铜塑像

陵园纪念空间场景中轴线的"倒映池"北边，雨花台烈士纪念碑宽大石阶下的挡土墙被巧妙地做成了"国际歌照壁"。为了使纵轴景观不被遮挡，与"国际歌照壁"相对的"国歌照壁"的两侧做成框架形式，但如果回望水池对面"国际歌照壁"及烈士纪念碑，就会感觉到对纪念场景空间及景观轮廓线的影响很大（见图328～图333）。

图328 位于雨花台烈士纪念碑踏步下的挡土墙被巧妙地做成了"国际歌"照壁

图329 为了使纵轴景观不被遮挡，国歌照壁的两侧做成框架形式，但如果回望"倒映池"对面国际歌照壁及烈士纪念碑，就会感觉到其对纪念场景空间及景观轮廓线的影响很大

图330 "倒映池"边"青年默哀"雕塑之一

图331	
	图332
	图333

图331 "倒映池"边"青年默哀"雕塑之二

图332 思源池边"忠魂颂"浮雕影壁之一

图333 思源池边"忠魂颂"浮雕影壁之二

纪念碑的南面是烈士纪念馆。纪念馆平面呈"U"形,长94米,宽49米,建筑面积近5900平方米。纪念馆的屋面为乳白色琉璃瓦,外墙立面采用花岗石饰面,正门上方有邓小平亲笔题写的"雨花台烈士纪念馆"字样。横额的上方花岗石"日月同辉"的图案象征着革命烈士精神与天地共存、与日月同辉(见图334)。

纪念馆内部空间由门厅、序厅、系列展厅、结束厅组成。馆内还展陈有620件烈士遗物、450幅珍贵历史图片,以及恽代英、邓中夏等128位烈士的事迹和文献资料(见图335~图341)。

七、比较与差距

总的来说,国内纪念性艺术综合体的艺术质量不高,这主要反映在纪念性艺术综合体的雕塑质量方面和其外部空间形态方面。

图334 陵园南门入口方向进入陵园景区的参观者很少

图335 纪念馆门厅,墙面表现"革命历程"的红色花岗石雕影壁墙

图336 纪念馆展厅之一

图337 纪念馆展厅之二

图338 纪念馆展厅之三

图339 纪念馆展厅之四

图340 纪念馆展厅之五

图341 纪念馆展厅之六

其一，对雕塑语言的运用方面，建筑师与雕塑家的配合显得不够默契。从已建成的作品分析看，可能还有一部分是非雕塑专业的人参与纪念性艺术综合体中的雕塑创作，也有建筑师亲力亲为自己独立设计雕塑方案，使得雕塑的质量不能得到保证。雕塑具有极强的专业性，须受严格的专业训练才能驾驭，纪念性艺术综合体空间环境中的雕塑创作设计应选具有一定影响力的高水平雕塑家，以确保艺术质量的高水准。

其二，外部空间形态视觉冲击力不强，中国国内建造的多数纪念性场所更像是建筑，庄重稳定有余，但缺少动感和视觉冲击力。而前苏联的纪念性艺术综合体则是营造了一个极富视觉冲击力的、可以令人血液沸腾的、感受英勇无畏并充满伟大精神的纪念场所。在建筑形式上，国内建造的多数纪念性场所还多停留在对传统祭祀建筑或纪念建筑样式的模仿上，其中有的作品竟成了传统古典样式的放大版，这种用传统样式去图解、揭示当代各不相同的纪念主题显然是力不从心。

其三，国内的多数纪念场所空间环境流线组织安排上过于混乱，纪念场所的空间环境结构节点过多，从而导致纪念主题不明确和被分化。交通流线组织在纪念场所中的作用是显而易见的，它可以有效地引导参观者进入设定的纪念线索中，感受纪念主题并使之不断得到加强。合理而富有逻辑的空间环境结构及交通流线组织可以有效地调动、引导人们的情绪，缩短参观时间，以减少由于参观时间过长而带来的疲惫感。

另外，国内多数纪念性艺术综合体的周边环境还存在着过度的商业化倾向。南京雨花台烈士陵园、淮海战役纪念馆的周边环境都显得十分凌乱，这与其纪念场所承载的严肃的纪念主题格格不入。在这一点上需要政府的决策管理能力和协调能力，为蝇头小利而不惜破坏纪念场地的周边环境实在得不偿失。

第四节 国内外纪念性艺术综合体的发展趋势

近年来，国内外纪念性艺术综合体的发展有如下的趋势：（1）纪念性场所新建项目与原有的纪念性建筑为邻，通过对原有纪念性建筑与纪念性雕塑进行整合而合并构成纪念性艺术综合体，如：以以色列的亚德瓦西姆纪念馆为主体的纪念性艺术综合体组群和以莫斯科胜利广场为主体的纪念性艺术综合体组群。同一个组群内不同单体可以分属不同的历史时期，可以是不同的纪念对象，即在纪念性构筑物组群之间搭建了一条时空连线，完成对序列主体的串联，它是国家与民族经历的浓缩。

（2）进入21世纪，纪念性场所气氛营造的一个显著的变化就是新技术的支撑，数字技术及多媒体技术等科学技术的进步成果在纪念性艺术综合体系统中得到更为广泛的应用。如：2007年8月，国内为迎接中国人民解放军建军80周年而新建的南昌八一起义纪念馆；2007年12月13日，总投资人民币3亿多元扩建的侵华日军南京大屠杀遇难同胞纪念馆新馆，其声、光、电等数字技术和多媒体技术的运用大大增强了现场感染力，其中一些新技术在国内首次使用。

侵华日军南京大屠杀遇难同胞纪念馆新馆的总设计师何镜堂院士对其设计理念的阐述："从设计上来说，并不希望让人们一眼就看到建筑，而是看到一个场所，一个可供他们悼念的场所。"可以说这是对纪念性艺术综合体概念的一个清晰而完整的表述。

结　语

近年来，国内扭捏作态与形式花哨的建筑和城市雕塑作品充斥，呈现出过度的个性张扬与自我情感的病态宣泄，以及新自由主义倾向与拜金主义恣意弥漫的态势，出现了令人警惕的过度商业化及全球化影响下的信仰危机。

据2004年中国人口统计数据，我国已有近13亿人口，其中10到34岁的青少年人口约5.4亿人，青少年是国家未来与民族成长进步的希望所在，青少年健康成长需要提供品行塑造和素质教育的课堂，"纪念性艺术综合体"就提供了这样一个课堂。

面对席卷全球经济一体化的趋势，成长与进步的中国面临同化危机已非危言耸听，面对西方文化意识形态的"全球化"及发达国家在文化领域里进行的殖民扩张，我们应当科学、理性地比较分析中国与西方文化差异性，加强"纪念性艺术综合体"研究与建设是具有积极意义的回应。

自古以来，战争与和平之间的对弈长久不歇，在和平的环境中不忘战争、追寻觅英雄足迹，使人们从中得到精神启示与心灵洗礼。

国家利益、民族利益毋庸置疑拥有至高无上的地位，回顾历史文明，使其成为国家和民族的宝贵精神财富，"纪念性艺术综合体"的建设；无疑是伟大中华民族自信进取精神的宣扬。纪念性艺术综合体通过诸多艺术与技术的手段可以强化对人体感官的作用和刺激，可以更好地渲染突出纪念的主题。由于它所具有的史诗性、地域性、叙事性、艺术性鲜明的个性化特征，使其成为国家重要的精神文化资源，它承载着国家意志和民族精神。

进入21世纪，纪念性艺术综合体呈现出地域多元化和更加个性化发展的态势，世界正步入纪念性场地新一轮的建设高潮。人们不仅在屠杀灭绝地和战役发生地建设纪念性艺术综合体，而且也在战争的策源地建设纪念性艺术综合体，纪念性艺术综合体被认为是图解和回眸民族与国家经历最有说服力的纪念性场地形式。

毫无疑问，哲学基础、历史线索、政治背景和政治观点，它们必定作用于纪念性艺术综合体的创作，并由这些因素构成了一个复杂的系统，尽管目前对其评价标准还很难统一界定，但有一点是值得充分肯定的，即在国家历史与意识形态的双重作用影响下，在对记忆与凝思付诸的行动过程中，必然隐含着某种政治态度。人类回顾铭记灾难，最为关键的还是要去行动，因为不断逝去的岁月让战争和屠杀在人们的记忆中逐渐淡忘，而面对忘却与否定的有力回击便是为纪念性建筑注入新的活力，才能让英勇无畏的流血捐躯的先烈和因屠杀而逝去的生命在记忆中永恒。令人欣慰的是，今天的人们已经意识到了纪念性艺术综合体的重要性。

在历史的长河中，没有开始也没有结束，新事物开始的同时，老事物还在继续进行。

俄罗斯历史学家　萨拉耶夫

主要参考文献

[1] 齐康.纪念的凝思[M].北京：中国建筑工业出版社，1995.
[2] 翁剑青.城市公共艺术[M].北京：中国建筑工业出版社，2004.
[3] 阿恩海姆、霍兰、蔡尔德.艺术的心理世界[M].周宪译.北京：中国人民大学出版社，2003.
[4] 奚静之.俄罗斯和东欧美术[M].北京：中国人民大学出版社，2004.
[5] 河青.全球化与国家意识的衰微[M].北京：中国人民大学出版社，2003.
[6] (英)埃德温·希思科特.纪念性建筑[M].大连理工大学出版社，2002.
[7] 齐康.九·一八历史博物馆[M].沈阳：辽宁科学技术出版社，2001.
[8] 赵金波.辽沈战役纪念馆[M].锦州：辽沈战役纪念馆，2006.
[9] 邹湖莹，王路，祁斌.博物馆建筑设计[M].北京：中国建筑工业出版社，2002.
[10] (美)卡斯腾·哈里斯.建筑的伦理功能[M].北京：华夏出版社，2002.
[11] Ken Scarlett.二战被害犹太人纪念碑作品巡视[J].方华译.雕塑，(美)2000(3).
[12] (法)雅克·德比奇 等.西方艺术史[M].海口：海南出版社，2001.
[13] (美)阿摩斯·拉普卜特.文化特性与建筑设计[M].常青，张昕，张鹏译.北京：中国建筑工业出版社，2004.
[14] 中国城市规划设计研究院.世界建筑史[M].北京：中国建筑工业出版社，2004.
[15] (英)戴维·钱尼.文化转向—当代文化史概览[M].戴从容译.南京：江苏人民出版社，2004.